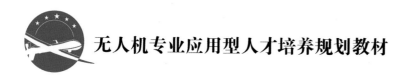

**无人机专业应用型人才培养规划教材**

# 无人机系统概论

贾玉红　编著

U0245356

北京航空航天大学出版社

# 内 容 简 介

本书阐述了各类无人机(包括固定翼无人机、无人直升机和多旋翼直升机等)所涉及的基本知识、基本原理和发展概况,介绍了无人机技术领域的最新成果和发展动态。全书共7章,分别介绍了无人机发展概况、无人机系统组成、飞行原理、飞行性能、动力装置、任务规划与导航、无人机构造等内容。书中内容浅显易懂,侧重基本概念、基本原理、基本构造的阐述,是无人机专业学生的入门教材。

本书为航空航天类院校的基础教材,可供相关院校无人机专业的学生使用,也可供相关专业的工程技术人员参考。

**图书在版编目(CIP)数据**

无人机系统概论 / 贾玉红编著. -- 北京 : 北京航空航天大学出版社,2020.8

ISBN 978 - 7 - 5124 - 3316 - 8

Ⅰ. ①无… Ⅱ. ①贾… Ⅲ. ①无人驾驶飞机 Ⅳ. ①V279

中国版本图书馆 CIP 数据核字(2020)第 145356 号

**无人机系统概论**

贾玉红 编著

责任编辑 董 瑞

\*

**北京航空航天大学出版社出版发行**

北京市海淀区学院路 37 号(邮编 100191) http://www.buaapress.com.cn
发行部电话:(010)82317024 传真:(010)82328026
读者信箱:goodtextbook@126.com 邮购电话:(010)82316936
天津画中画印刷有限公司印装 各地书店经销

\*

开本:787×1 092 1/16 印张:11 字数:282 千字
2020 年 9 月第 1 版 2024 年 8 月第 5 次印刷 印数:8 001～10 000 册
ISBN 978 - 7 - 5124 - 3316 - 8 定价:49.00 元

# 前　言

无人机(Unmanned Aerial Vehicle,UAV)是一种有动力的、可控制的、能携带多种设备、执行多种任务、并能重复使用的无人驾驶航空器。无人机系统(Unmanned Aerial System,UAS)是指以无人机分系统为执行任务的载体,加之与其配套的任务设备分系统、测控与信息传输分系统、指挥控制分系统、发射与回收分系统、保障与维修分系统等所组成的整体系统。

随着无人机技术的发展,无人机在现代航空技术中的作用越来越重要。无人机用途广泛,无人员伤亡风险,生存能力强,机动性能好,续航时间长,在现代战争中发挥着极其重要的作用;另外,由于无人机使用方便,成本低,控制简单,载荷多样,在民用领域也有着广阔的应用前景。无人机技术作为近年来飞速发展的尖端技术,已成为航空航天院校的热门专业。

《无人机系统概论》是无人机专业的基础教材,通过本书的学习读者可了解无人机领域所涉及的基本知识、基本原理及发展概况,为今后的学习和工作打下坚实的基础,亦可开阔视野,扩大知识面。

本书首先对无人机的分类和发展概况进行了介绍,以期让读者对无人机的发展历程和最新成果有一个全面、系统的了解。在此基础上,分别对无人机系统组成、飞行原理、飞行性能、动力装置、任务规划与导航、无人机构造等方面的基本知识、基本原理进行了介绍。书中内容浅显易懂,侧重基本概念、基本原理、基本系统的阐述,适合用作无人机专业低年级学生和其他各专业学生的教材。

编者在本书编写过程中,参考了国内外大量文献资料及兄弟院校的有关教材,在此谨对原作者表示感谢。

本书涉及科学技术的很多领域,鉴于编者水平有限,书中不当之处恳请读者批评指正。

编　者
于北京航空航天大学
2020 年 5 月

# 目　　录

# 第1章 绪 论

## 1.1 无人机系统的定义

无人驾驶飞机是指由动力驱动、不搭载操作人员的一种空中飞行器。它依靠空气动力为飞行器提供升力,能够自主或遥控飞行,能携带多种任务设备,执行多种任务,可一次性或多次重复使用。无人驾驶飞机简称无人机(Unmanned Aerial Vehicle,UAV)。

随着无人飞行技术的发展,无人机概念的内涵也在不断丰富和演变。图1-1所示为美国不同时期无人机的称谓演变图。从图1-1可以看出,20世纪20年代,无人机刚刚兴起,使用的名称是Pilotless Airplane;20世纪30年代中期,随着靶机的大量使用,无人机被称作Drone,即通过无线电信号控制的无人驾驶飞行;20世纪50年代初,其名称演化为无线电控制空中目标(Radio Controlled Aerial Target,RCAT);20世纪50年代中期,随着无人机侦察功能的出现,无人机又被称为无人侦察机(Surveillance Drone);20世纪60年代,无人机又被称为遥控飞行器(Remotely Piloted Vehicle,RPV),其特点是从一个远程位置驾驶或操纵飞行器;20世纪80年代,无人机被称为无人驾驶飞行器(Unmanned Aircraft,UMA),与上一阶段相比,此时的无人机还可以执行自主或预设程序的飞行任务;从20世纪90年代开始采用目前最常用的名称,即Unmanned Aerial Vehicle(UAV)。

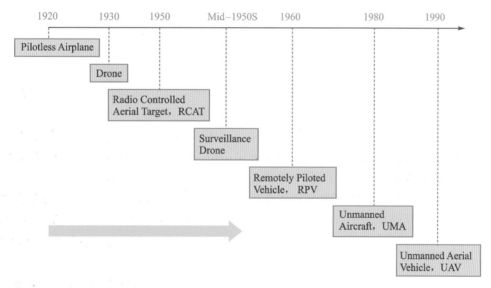

图1-1 美国不同时期无人机的称谓演变

目前,在临近空间(20~100 km空域)的飞行器(平流层飞艇、高空气球和太阳能无人机等)也被列入无人机的范围。从广义的角度来看,无人机可以在无人驾驶的条件下完成各种复杂的空中飞行任务和各种负载任务,因此无人机也可以被看作空中机器人。

事实上,无人机要完成飞行任务,除无人机本身和其携带的任务设备外,还需要地面控制设备、数据通信设备、维护设备以及指挥控制和必要的操作、维护人员等。较大型的无人机还需要专门的起飞(发射)/回收装置、地面保障系统等配合工作,单靠无人机本身是无法长距离安全飞行和顺利完成飞行任务的。因此,无人机与以上各类装置和设备组成的完整系统被称为无人机系统(Unmanned Aerial Systems,UAS)。

典型的简单无人机系统一般由飞行器、一个或多个地面控制站/或任务规划控制站、有效载荷和数据链组成,如图 1-2 所示。

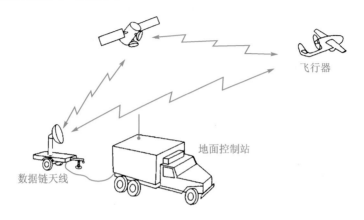

**图 1-2　简单无人机系统**

无人机系统是一个高度智能化的闭环反馈控制系统,不同类型和不同使用环境下的无人机可选择不同的系统构成。下面以军用无人机为例说明无人机系统的构成及各部分的功能。

军用无人机一般包括以下几个分系统:

① 无人飞行器分系统:由机体、动力装置、飞行控制与管理设备等组成。该系统是执行任务的载体,它携带遥控遥测设备和任务设备,到达目标区域完成要求的任务。

② 任务设备分系统:由战场侦察校射设备、电子对抗设备、通信中继设备、攻击任务设备、电子技术侦察设备、核生化探测设备、战场测量设备、靶标设备等组成。该分系统可完成要求的侦察、校射、电子对抗、通信中继、对目标的攻击和靶机等任务。

③ 测控与信息传输分系统:由无线电遥控/遥测设备、信息传输设备、中继转发设备等组成。该分系统通过上行信道实现对无人机的遥控,通过下行信道完成对无人机状态参数的遥测,并传回侦察获取的情报信息。

④ 指挥控制分系统:飞行操纵与管理设备、综合显示设备、地图与飞行航迹显示设备、任务规划设备、记录与回放设备、情报处理与通信设备、其他情报和通信信息接口等。该分系统可完成指挥、作战计划制定,任务数据加载,无人机地面和空中工作状态监视和操纵控制,以及飞行参数和情报数据记录等任务。

⑤ 发射与回收分系统:与发射(起飞)和回收(着陆)有关的设备或装置,如发射车、发射箱、助推器、起落架、回收伞、拦阻网等。该分系统可完成无人机的发射(起飞)和回收(着陆)任务。

⑥ 保障与维修分系统:基层级保障维修设备、基地级保障维修设备等。该分系统主要完成系统的日常维护以及无人机的状态测试和维修等任务。

执行任务的无人机可由单个无人飞行器构成,也可由多个同型的无人飞行器或多型多个无人飞行器共同构成。目前,随着计算机、人工智能、自动驾驶和信号处理等高新技术的发展,多无人机自主编队飞行、无人机集群协同作战等已经成为无人机发展的重要方向。

# 1.2　无人机的分类

无人机的应用领域非常广泛,无人机的尺寸、质量、性能及任务等方面的差异也非常大。由于无人机的多样性,因此,从不同的角度考量,无人机有多种分类方法。

## 1.2.1　按用途分类

无人机按用途分类,可分为军用无人机与民用无人机两大类。

### 1. 军用无人机

根据不同的军事用途和作战任务,军用无人机可分为无人侦察机/监视机、无人战斗机、通信中继无人机、电子干扰无人机和靶机等类型。

（1）无人侦察机/监视机

无人侦察机/监视机是指借助机上的电子侦察设备获取目标信息的无人机。它们通常采用的设备有:光学照相机、微光(红外)摄像机、电视摄像机、红外线行扫描仪、前视红外装置、热成像仪、CCD 成像系统、激光指示器、激光测距仪和自动跟踪器、合成孔径雷达等。图 1-3 所示为可用于实时监视、电子侦察和干扰、海上巡逻等任务的以色列"苍鹭"无人机,它可携带光电/红外雷达等侦察设备进行搜索、监测和识别。

图 1-3　以色列"苍鹭"无人机

（2）无人战斗机

无人战斗机指可携带小型和大威力的精确制导武器、激光武器或反辐射导弹,执行空战或对地攻击任务的无人机。例如,图 1-4 所示的美国 MQ-9"死神"无人战斗机是一种极具杀伤力的新型无人作战飞机,除攻击外还可以执行收集情报、监视和侦察等任务。

（3）通信中继无人机

作为空中中继平台,通信中继无人机可增加信息的传输距离,即利用无人机向其他军用机或陆、海军飞机传送图像等信号,这些无人机一般都安装了超高频或甚高频的无线电通信设备。图 1-5 所示为可用于空中指挥和通信中继任务的无人飞艇。

**图 1-4 MQ-9"死神"无人战斗机**

**图 1-5 无人飞艇**

（4）电子干扰无人机

电子干扰无人机可利用有源或无源电子干扰设备,通过辐射电磁波或释放铝箔条和金属干扰丝,破坏敌方通信系统,干扰敌方电子设备,使其效能低下,甚至完全失效。目前,电子干扰无人机大多采用无源干扰方式,其基本的干扰设备包括铝箔条投放器、曳光弹投放器和雷达回波增强设备。

电子诱饵/欺骗无人机也是一种无源欺骗性电子干扰无人机。通过飞机上携带的干扰设备来增强地面雷达的反射回波,并通过飞机的速度和外形等模拟战斗机或轰炸机的运动姿态,诱使敌方雷达或地面防空武器开机或开火,从而暴露地面雷达或地面防空武器的位置,消耗地方的火力,然后再通过其他武器装备对敌方的雷达或地面防空武器进行精确打击。图 1-6 为示是美国空军为 F-16 和 B-52 装备的微型诱饵无人机 MALD-J。MALD-J 诱饵无人机是一种飞航式空中发射诱饵,能在敌方雷达上模拟北约军机的雷达和飞行特征,消耗对方的防空力量。

反辐射无人机是一种成本低、尺寸小(长度通常在 2～3 m 范围内)、质量轻(多数小于150 kg)的一次性使用的电子干扰无人机。这种飞机上一般装有电子干扰设备、辐射探测器和战斗部,通常以 100～300 km/h 的巡航速度飞到敌方雷达区域上空,进行长时间的盘旋,探测雷达信号,并进行干扰。一旦雷达开机,无人机就能立即辨识并感应敌方的雷达信号,并在此信号的导引下向敌方雷达俯冲,摧毁敌方雷达。这种反辐射无人机使敌方雷达不敢开机,给有人攻击机创造了袭击机会,是现代电子战中的一种重要武器。图 1-7 所示的以色列"哈比"(Harpy)无人机就是一种反辐射无人机。

**图 1-6 MALD-J 诱饵无人机**          **图 1-7 "哈比"无人机**

(5)靶 机

靶机是发展较早的一种无人机,主要用来模拟各种飞机和导弹的飞行状态和攻击过程,鉴定各类航空武器的性能,训练战斗机飞行人员,训练高炮和地空导弹及雷达的操纵人员,也可用来研究空战和防空战术。图 1-8 所示为 1966 年首飞的中国"长空一号"靶机。

**图 1-8 "长空一号"靶机**

军用无人机还有其他的分类方式,如果按无人机的杀伤性质分类可分为非杀伤、软杀伤和硬杀伤几大类,如图 1-9 所示。前面所述的靶机属于非杀伤类无人机,诱饵无人机属于软杀伤类无人机,而反辐射无人机则属于硬杀伤类无人机。

**2. 民用无人机**

在民用领域,由于无人机具有成本相对较低、无人员伤亡风险、生存能力强、机动性能好、

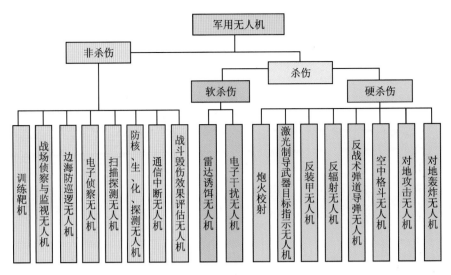

图 1-9 按杀伤性质分类

使用方便等优势,因此得到了广泛的应用。其主要应用市场包括航空拍摄、航空摄影、地质地貌测绘、森林防火、地震调查、核辐射探测、边境巡逻、应急救灾、农作物估产、农田信息监测、管道巡查、高压输电线路巡查、野生动物保护、科研实验、海事侦察、鱼情监控、环境监测、大气取样、增雨、资源勘探、禁毒、反恐、警用侦察巡逻、治安监控、消防侦察、通信中继、城市规划、数字化城市建设等多个领域。表 1-1 所列为民用无人机的分类。

表 1-1 民用无人机的分类

| 类 型 | 用途说明 |
| --- | --- |
| 农用无人机 | 农业喷洒,农业施肥,农业土地监测,人工降雨等 |
| 探测、监测类无人机 | 灾害监测,环境监测,森林防护,输油管、仓库和道路的状态监视,火灾和水灾破坏区域的确定及监测,地震等自然灾害的后果调查,高位地区监测/取样,野生动物监视,污染监视等 |
| 城管、治安管理无人机 | 城市规划,市内监察/维持治安,毒品禁止与监控,应急反应,搜索与营救,沿海监视,公路交通监控等 |
| 科学探测无人机 | 气象探测,地质勘测,大地测量,地图测绘,地球资源勘探,石油和矿藏的勘定与鉴定,长久耐力地质科学/大气研究,陆地表面,海洋研究等 |
| 通信、中继无人机 | 电信,卫星中继,新闻广播,灾情援助,体育运动等 |

## 1.2.2 按飞行平台构型分类

无人机按飞行平台构型分类可分为固定翼无人机、无人直升机、多旋翼直升机、无人飞艇和伞翼无人机等。图 1-10 所示为最常见的无人机飞行平台。有关无人机飞行平台的详细内容请参阅 2.1 节。

## 1.2.3 按大小分类

按照无人机的质量及外形尺寸的大小,无人机可以分为微型无人机、小型无人机、中型无人机和大型无人机几大类。大型无人机质量一般大于 500～800 kg;中型无人机质量一般为

**图 1 - 10 各类无人机飞行平台**

200~500 kg;轻型无人机质量一般为100~200 kg;小型无人机质量一般为1~100 kg;微型无人机质量一般小于1 kg。表1-2所列为按大小分类的无人机的质量和尺寸数据对比。

**表 1 - 2 按大小分类的无人机数据对比**

| 分 类 | 说 明 |
|---|---|
| 大型(重型)无人机 | 通常指飞机质量大于800 kg(或500 kg),翼展在十几米以上的无人机 |
| 中型无人机 | 通常指飞机质量为200~800 kg(或500 kg),翼展在10 m以下的无人机 |
| 轻型无人机 | 通常指飞机质量为100~200 kg |
| 小型无人机 | 通常指飞机质量大约是几十千克的无人机 |
| 微型无人机 | 通常指飞机质量为几十克至几百克,单一最大外形尺寸在15 cm左右或更小的无人机 |

## 1.2.4 按飞行性能分类

**1. 按速度分类**

无人机按速度可分为低速无人机、亚声速无人机、跨声速无人机、超声速无人机和高超声速无人机。

低速无人机的马赫数($Ma$)一般小于0.4,亚声速无人机的$Ma$一般为0.4~0.85,跨声速无人机的$Ma$一般为0.85~1.3,超声速无人机的$Ma$一般为1.3~5,高超声速无人机的$Ma$一般大于5。图1-11所示为美国超声速"牛眼"无人机和高超声速X-43无人机的外形对比。

**2. 按航程分类**

无人机按航程(或活动半径)可分为超近程无人机、近程无人机、短程无人机、中程无人机和远程无人机。

超近程无人机活动半径为5~15 km,近程无人机活动半径为15~50 km,短程无人机活动半

"牛眼"超声速无人机　　　　　　　　　X-43高超声速无人机

**图 1-11　超声速和高超声速无人机**

径为 50～200 km,中程无人机活动半径为 200～800 km,远程无人机活动半径大于 800 km。图 1-12 所示为美国洛克希德·马丁公司研制的 RQ-3"暗星"(Dark Star)远程无人侦察机,其作战半径达 900 多千米。

**图 1-12　RQ-3"暗星"远程无人侦察机**

**3. 按实用升限分类**

无人机按实用升限可分为超低空无人机、低空无人机、中空无人机、高空无人机和超高空无人机。

超低空无人机实用升限一般为 0～100 m,低空无人机实用升限一般为 100～1 000 m,中空无人机实用升限一般为 1 000～7 000 m,高空无人机实用升限一般为 7 000～20 000 m,超高空无人机实用升限一般大于 20 000 m。

图 1-13 所示为中国的"彩虹-3A"察打一体化中空无人机,作战半径为 200 km,其最大升限为 7 000 m。

图 1－13 "彩虹－3A"中空无人机

# 1.3 全球无人机发展

从 1917 年发明第一架无人机开始,到今天的无人侦察机、无人战斗机等军用无人机,以及在航空拍摄、地质地貌测绘、森林防火等方面广泛使用的民用无人机,无人机的发展已经历了百年。无人机因其具有无人员伤亡风险、生存能力强、机动性能好、使用方便、成本低等优点逐渐受到世界各国的重视,并且在很多领域正逐步替代有人飞行器,承担越来越多的飞行任务。

无人机的发展,大致经历了以下几个阶段:20 世纪 20—60 年代,无人机主要作为靶机使用,是无人机发展的起步阶段;20 世纪 60—80 年代,无人侦察机及电子战类无人机在战场上崭露头角,无人机开始进入实用阶段;从 20 世纪 90 年代起,无人机在现代高技术局部战争中得到了全面应用,无人机在民用领域也得到了迅猛发展,无人机正处在一个迅速崛起和蓬勃发展的阶段。

## 1.3.1 起步阶段

无人机的发展最早可以追溯到 1917 年,当时英国皇家航空研究院将空气动力学、轻型发动机和无线电三者结合起来,研制出世界上第一架无人驾驶飞机。同年 12 月,美国发明家埃尔默·斯佩里(Elmer Sperry)使用其发明的陀螺仪和美国西部电气公司开发的无线电控制系统,成功完成了为美国海军研制的"航空鱼雷"的首飞。受这次成功试飞的鼓舞,美国陆军航空队也采纳了查尔斯·凯特林(Charles Kettering)的方案,研制出了"自由鹰"式"航空鱼雷"飞机,如图 1－14 所示。

两次世界大战期间,军用无人机技术主要体现在导弹和无人靶机两个方面。1918 年,法国的第一架无线电遥控飞机试飞成功;1921 年英国研制成功世界上第一架可以实用的无人靶机,该靶机可在近 2 km 的高度以 160 km/h 的速度飞行。1931 年 9 月,英国费尔雷公司将一架"女王"有人驾驶双翼飞机改装成"费利王后"(Fairey Queen)靶机进行了 9 min 的有控飞行。1932 年,英国 Home 舰队将"费利王后"携往地中海作试验,检验 Home 舰队防空火力的效能及靶机的飞行性能。当时"费利王后"冲着 Home 舰队的密集防空火力飞行了 2 h 而未被击中,这不仅说明了当时海军防空武器的低效,同时也充分证明了靶机的实用价值。1933 年英国又研制出了著名的"蜂后"(Queen Bee)靶机,随即投入批量生产。这种靶机在1934—1943年共生产了420架,它们一直使用到第二次世界大战结束。图1-15所示为正在遥控"蜂后"靶机的英军士兵。

图1-14　查尔斯·凯特林制造的"航空鱼雷"

图1-15　正在遥控"蜂后"靶机的英军士兵

第二次世界大战末到20世纪60年代初是靶机的迅速发展阶段。美国"火蜂"(Firebee)靶机可说是这个时期靶机发展的典型代表。当时美国为了训练战斗机飞行员和防空导弹操作手,着手研制一些可模仿当时战斗机、轰炸机性能的靶机,美国的瑞安航天公司(Ryan Aeronautical Company)在1948年赢得了美国空军的合约,开始研制一种高亚声速、喷气推进的靶机,这就是后来久负盛名的"火蜂"靶机。由于设计成功,1953年开始成批生产,很快便有1280架早期的"火蜂"Q-2A与KDA型在美国三军和加拿大皇家空军服役。截止到1984年,共有近 6500 架"火蜂"系列靶机投入使用。图 1 - 16 所示为美国"火蜂"靶机。

**图 1 - 16　"火蜂"靶机**

　　在这个阶段,除美国外,法国、意大利、澳大利亚、加拿大、以色列、日本和德国等国也相继研制出多种靶机。因此,在很长一段时间内,靶机基本上就是无人机的代名词。

　　无人靶机的发展也带动了遥控遥测技术、飞行控制与导引技术、小型发动机技术、发射与回收技术以及无人机专用设备等无人机关键技术的发展。在靶机的发展过程中,无人机技术先后突破了低速、高亚声速和超声速的速度飞行界限,同时也突破了超低空、低空、中高空和高空的空域飞行界限,为无人机今后的全面发展奠定了基础。

## 1.3.2　实用阶段

　　1960 年冷战期间,美国曾多次派 U - 2 有人驾驶侦察飞机前往苏联侦察导弹基地。1960 年 5 月,美国中央情报局所属的一架 U - 2 高空侦察机在苏联领空被 SA - 2 防空导弹击落。正是因为这一事件,美国决定研制无人侦察机。美国空军很快启动了"专用飞行器"(SPA)计划,这个计划是在"火蜂"无人靶机基础上发展的无人侦察机计划。1960 年夏,瑞安公司开始尝试将"火蜂"改型为一种具有低雷达可探测性、航程更长、操纵性更好的无人侦察机——147A,后来又很快改进完成了航程更长的 147B 型,随后又根据苏联防空导弹的特点研制成功了有名的 147D"萤火虫"无人侦察机。该机装有可搜集 SA - 2 地空导弹制导系统信号特征的电子情报模块,可通过引诱 SA - 2 地空导弹雷达开机,截获其信号特征,并将其转发到 ERB - 47 电子战飞机上。图 1 - 17 所示为这个时期瑞安公司研制的无人机系列图谱。

　　由于来自苏联先进防空导弹的威胁进一步加大,为了替代速度较慢的 U - 2 飞机,1962 年 10 月,美国中央情报局要求洛克希德·马丁公司开发一种新型无人侦察机 D - 21,这种无人机可以由母机 A - 12 携带投放。D - 21 无人机安装在 A - 12 侦察机的背部支架上,如图 1 - 18 所示。该机可达到 $Ma$ 为 3 的飞行速度,航程达 5 520 km。与其他无人机不同的是,D - 21 并不具备回收能力,只能在完成任务后弹射出一个照相舱并从海上回收。

　　1966 年 3 月,D - 21 无人侦察机及其母机首次进行了飞行试验。在同年 7 月进行的试验中,因子机未能正常脱离母机致使二者一起坠毁,虽然母机驾驶员弹射逃生成功,但发射子机的操作员不幸丧生。美国人意识到这种发射投放方式太过危险,于是改用体积庞大的 B - 52H 战略轰炸机作为经改进的 D - 21B 无人机的母机,并把连接支架也改在了机翼下方,如图 1 - 19 所示。

　　军用无人机在越南战场上第一次大规模地应用于实战。越战初期,美军先后损失战机 2 500 余架,死伤飞行员 5 000 余名。为了减少损失,美军决定使用无人机进行侦察。在越南

图 1-17　瑞安公司的无人机家族

图 1-18　D-21 无人机安装在母机的背部支架上

战争期间,"火蜂"系列无人高空侦察机使用了多达 3 435 架次,执行了高空和超低空照相侦察、电子窃听、干扰越南无线电台通信、在空中走廊抛撒金属箔条为轰炸机护航等任务,其中,2 873 架次安全返回,战损率仅为 16%。

　　"火蜂"侦察机在越南战场的出色表现,使人们认识到了无人机的新价值,也使无人机首次作为作战装备应用于实战,开辟了无人机应用和发展的新阶段。

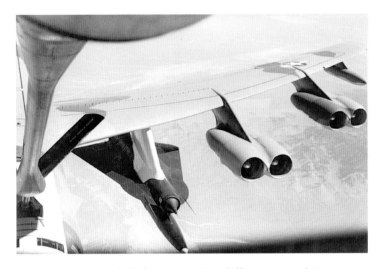

**图 1 - 19　挂载在 B - 52 机翼下方的 D - 21B 无人机**

　　中东战争期间,叙利亚、埃及和黎巴嫩利用"萨姆-6"防空导弹构筑了一个严密的防空火力网,高度覆盖几十米的低空到上万米高空,使得以色列的飞机一旦进入,就基本无生还的可能。为了突破对手的防空网,以色列空军认真研究了美军在越战期间的经验和教训,决定开始研制自己的新型无人机。他们把从美国引进的"石鸡"喷气式无人靶机和"壮士"无人靶机改装成能够模拟喷气式战斗机进行电子欺骗的无人机,又先后研制了"侦察兵"和"猛犬"两种无人侦察机用于收集雷达信号和进行光电复合侦察,这两种无人侦察机均可在前线上空灵活部署,并具有全天候工作能力。这些无人机为以色列夺取战争的胜利奠定了基础。图 1 - 20 所示为以色列的"猛犬"无人侦察机。

**图 1 - 20　"猛犬"无人侦察机**

　　1982 年黎以冲突中,"侦察兵"和"猛犬"更是一同上阵。在与黎巴嫩的作战中,位于贝卡谷地的叙利亚"萨姆-6"防空导弹阵地构成了对以色列空军作战行动的最大威胁。通过使用无人侦察机,以色列空军精确锁定了上述导弹阵地的位置。随后,以色列向叙利亚防空导弹阵地投放了"萨姆森"无人机诱饵,诱使叙利亚防空导弹雷达一开机就遭到了以色列反雷达导弹的打击。这样,叙利亚防空导弹部队就得被迫缩短雷达开机时间,从而为以色列空军提供了更大的作战空间和机会,在其他侦察/监视无人机的协助下,以色列取得了战争的全面胜利。这场战争不但充分展示了无人机诱饵的巨大价值,同时也体现了实时战场监控的现实作用。

这种相对而言成本低廉的空中侦察手段也逐渐成为风靡全球的防务发展趋势,以色列更是从这类军用无人机的出口贸易中获益匪浅。此后,巴基斯坦、印度、新加坡、伊拉克以及伊朗等国都开展了无人侦察机的研制,并取得了很大进展。

### 1.3.3 蓬勃发展阶段

在中东的贝卡谷地战役中,以色列使用无人机进行的侦察、干扰、欺骗、诱敌及电子支援等任务非常有效,不仅大大降低了人员损失的风险,而且作战成本也比有人驾驶飞机低得多。因此,20世纪80年代以来,无人机的军事价值逐渐被各国军方重视。20世纪90年代以后的几场高技术局部战争,又给无人机提供了更广阔的展示其作战才能的舞台。在战争作战需求的牵引下,无人机进入了快速崛起与迅猛发展的阶段。

在1991年的海湾战争中,美国、英国、法国、加拿大和以色列等国的无人机纷纷亮相战场,参战的无人机有200多架,无人机已成为战争中"不可或缺"的战场能力。其中,美军总共有6个"先锋"无人机连参战,分别布置在近海岸、海军舰艇和海军陆战队,执行了522架次的飞行任务,累计飞行时间达1638 h,为多国部队了解战场态势及评估空袭效果提供了重要的依据,对干扰、压制伊拉克防空体系和通信系统发挥了重要作用。图1-21所示为布置在海军舰艇上的美国"先锋"无人机。

**图1-21 海军舰艇上的"先锋"无人机**

在1999年的科索沃战争中,美国及北约盟军首先使用无人机充当开路先锋发动进攻,参战飞机包括"捕食者""猎人""先锋""红隼""不死鸟""米拉奇-26"和"CL-289"共7种型号300多架,用于执行中低空侦察、战场监视、电子对抗、战况评估、目标定位、收集气象资料和营救飞行员等任务。这是历次战争中使用无人机架次最多的一次,也是无人机发挥作用最大的一次。图1-22所示为在多次中东战争中表现出色的以色列"猎人"无人机。

2001年的阿富汗反恐战争中,无人机更是大显身手。战争开始后,美国为了加强对塔利班和"基地"组织行动的了解,派出了"全球鹰"和"捕食者"无人机进行全天候侦察,并通过卫星链路及时将侦察图像传回位于美国本土的指挥中心。为了能使无人机直接打击地面目标,美国首次在"捕食者"无人机上挂载了2枚"海尔法"导弹。也正是这2枚导弹,谱写了无人机作战的辉煌一页。

**图 1-22 "猎人"无人机**

2001 年 11 月 15 日,"捕食者"无人机侦察到一个车队趁着夜幕开进了一个小镇,车上的人员全部进入了一栋楼房。经过指挥中心对侦察图像的分析,这可能是基地组织正在召开的一次重要会议。随即,指挥中心控制"捕食者"无人机将其携带的 2 枚"海尔法"导弹准确地投向了大楼和停车场,楼房和停车场顿时变成一片火海,其内的人员全部毙命。后来查明,被击毙的正是"基地"组织的二号人物穆罕默德·阿提夫及其随行人员。"捕食者"无人机的这一击,创造了无人机发展史上的又一个里程碑事件,也意味着无人机开始具备了低空探测和直接攻击地面目标的能力,是军用无人机技术和功能的一个重要转折点。图 1-23 所示为正在加挂"海尔法"导弹的"捕食者"A 型无人机。

**图 1-23 挂载"海尔法"导弹的"捕食者"A 型无人机**

2001 年"9·11"事件后,美国空军和中情局均加强了军用无人机的部署和使用。美军通过在"捕食者"的机首安装激光指示器,使"捕食者"具有了引导"地狱火"导弹进行精确打击的能力。2002 年 3 月,美国空军成立了世界上第一支无人攻击机中队。该中队由 20 架"捕食者"无人机组成,每架"捕食者"无人攻击机上都装备有数枚 AGM-114"地狱火"反坦克导弹(见图 1-24)。2006 年,一种体积更大、性能更先进的"捕食者"改进型无人攻击机问世,这就是 MQ-9"死神"(Reaper)无人攻击机(见图 1-4)。

2003 年的伊拉克战争中,美军使用了 10 种以上无人机支援作战行动,其数量是阿富汗战争的 3 倍多。这些无人机主要包括陆军的"猎犬""指针"和"影子 200"无人机,海军陆战队的"龙眼"和"先锋"无人机,以及空军的"全球鹰"和"捕食者"无人机。"全球鹰"在伊拉克首都巴

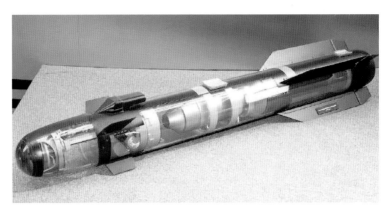

图 1-24 "地狱火"反坦克导弹

格达上空执行了数次作战任务,共收集图像 3 700 多幅,"捕食者"摧毁了包括防空导弹连、导弹发射装置、伊拉克电视台雷达和卫星设施等多个地面目标。这些无人机在对伊作战中发挥了极大的作用,这标志着现代战争开始进入无人化作战阶段。一位美陆军地面机动计划无人机主管在一份 AAI 公司声明中说:"对战地指挥员来说,'影子'系统是'关乎生死存亡的工具'。"图 1-25 所示为美国陆军的"影子 200"无人机。

图 1-25 "影子 200"无人机

### 1.3.4 最新发展

在军事领域,无人作战飞机和空天无人机的迅速发展,使无人机逐步成为军事装备体系中的关键力量和维护国家安全的战略制高点。2011 年 2 月,美国海军无人作战飞机 X-47B 在加利福尼亚的爱德华兹空军基地首飞成功。2013 年 7 月,X-47B 成功在"乔治·布什"号航空母舰上实现拦阻着陆,这标志着美国海军已经掌握了无人机在航空母舰上起飞/降落的关键技术。图 1-26 所示为 X-47B 在航母上成功着陆。

2010 年 3—5 月,美国先后试验试飞了 HTV-2"猎鹰"高超声速无人机和 X-37B 空天无人机。2017 年 9 月 7 日,在肯尼迪航天中心,美国使用一枚 SpaceX Falcon 9 火箭将 X-37B

再次送入太空,执行第五次在轨飞行任务,环绕地球轨道进行了长达780天的飞行之后,于2019年10月27日返回肯尼迪航天中心。在此之前,第一架X-37B在2010年4月22日进行首飞,任务编号OTV-1,在轨运行224天后返回大气层并滑翔降落到加州范登堡空军基地;之后,OTV-2在轨运行468天,OTV-3增至675天,OTV-4又增加到717天。X-37B的飞行标志着无人机开始向更高、更远、更快的空天领域发展。图1-27所示为X-37B空天无人机。

图1-26　X-47B在航母上着陆

图1-27　X-37B空天无人机

自20世纪90年代起,许多国家将无人机发展置于重要战略地位,投入逐年增加。目前全球共有57个国家研制和发展的无人机系统近千种,其中已成为无人机产品的有近400种。美国占据了无人机发展的技术制高点,以色列起步较早,在战术无人机、长航时无人机方面具有特色和优势,俄罗斯始终没有放松对先进技术的开发和应用,欧洲各国和亚洲各国也纷纷加快了无人机发展的步伐,在世界范围内掀起了无人机系统发展的高潮。

在民用领域,无人机也越来越多地运用在各行各业中。农用无人机利用搭载的高精度摄像机,实现对农作物生长及周围土壤水分等环境的实时监测,并据此播种、浇水、施肥、喷洒农药。通过无人机的航测航探,可发现矿藏和其他资源,并随时监测当地的地质状况,指导矿产资源的开发。在日常使用中,无人机可以对公路、铁路、高压电线和油气管路等重要公共设施进行巡逻,减少事故发生。无人机在民用领域多行业的应用,推动了社会的进步,并逐步成为促进社会经济发展的重要增长点。

# 1.4　我国无人机发展

## 1.4.1　固定翼无人机

我国的无人机研究始于 20 世纪 50 年代后期,此时我国采用的靶机主要是苏联制造的拉-17 无人靶机。后来由于国际形势的变化,苏联取消援助,撤离专家,致使我国试验用靶机严重缺失,因此,国家下决心研制自己的无人靶机,"长空一号"应运而生。"长空一号"最初是仿照拉-17 设计的,主要负责人是被誉为"中国无人机之父"的中国工程院院士赵煦将军,1966 年 12 月 6 日首飞成功。后来该机转由南京航空学院(今南京航空航天大学)具体负责,中国航空工业第二集团公司的常州飞机制造厂负责生产,1976 年设计定型。"长空一号"是一架喷气式无线电遥控高亚声速飞机,可供导弹打靶或防空部队训练。该机采用典型的高亚声速布局,机身细长,机翼平直,大展弦比,安装在垂直尾翼中部的水平尾翼呈矩形,发动机及其进气道装在机身下部的吊舱内,如图 1-28 所示。"长空一号"在我国空空武器等试验中发挥了重要作用。

图 1-28　"长空一号"靶机

为了满足国防和科学研究的需要,1969 年国家下达了研究高空无人驾驶照相侦察机"无侦-5"的任务。"无侦-5"飞机(见图 1-29)又称"长虹一号"无人机,是北京航空学院(今北京航空航天大学)在美国"火蜂"无人机的基础上研制生产的一种高空、高亚声速多用途无人飞机,主要用于执行军事侦察、高空摄影、靶机、地质勘测或大气采样等任务,1972 年 11 月 28 日首飞成功。"无侦-5"采用大展弦比后掠中单翼,机身部分由前到后为雷达舱、照相舱、油箱、发动机短舱、航空电子舱和伞舱。主要机载设备包括光学照相机和电视/前视红外摄像机。在执行可见光照相侦察任务时,照相机镜头能绕其纵轴倾斜旋转或垂直向下,从五个照相窗口进行拍摄。"无侦-5"无人机 1981 年装备部队,在部队训练和战术侦察中发挥了重要作用。

"ASN-206"是西安爱生技术集团研制的一种轻型、近距、战术无人侦察机,1996 年开始批量生产(见图 1-30)。"ASN-206"可以用于执行昼夜空中侦察、战场侦察、目标定位、炮火定位、边境巡逻、核辐射取样、空中摄影、探矿以及电子战等任务。西安爱生技术集团先后研发了"ASN-102"靶机、"ASN-104"小型无人侦察机、"ASN-206"系列通用小型无人机、"ASN-209"通用中型无人机等多个型号产品,已逐渐成为我国军用中小型无人机的研发中心。

**图 1-29 "无侦-5"无人机**

**图 1-30 "ASN-206"通用小型无人机**

北京航空航天大学研发的"长鹰"系列无人机系统是我国第一套大型中高空远程无人侦察机系统。图 1-31(a)所示为 2015 年在纪念中国人民抗日战争暨世界反法西斯战争胜利 70 周年阅兵式中,北航组织研发的"BZK-005"中高空远程无人侦察机通过天安门广场;图 1-31(b)所示为 2018 年在珠海航展亮相的"BZK-005E"("长鹰"E)高空远程无人侦察机,该机于2018 年 9 月获得了出口许可,具备全天时、全天候作战能力,能适应复杂环境,并具有短距离起降和高原起降能力。

"翼龙"无人机是由成都飞机设计研究所研制的一种中低空、军民两用、长航时、多用途无人机,于 2007 年 10 月首飞。该型无人机可携带各种侦察、激光照射/测距和电子对抗设备及小型空地打击武器,可执行监视、侦察及对地攻击任务,也可用于维稳、反恐、边界巡逻等。此

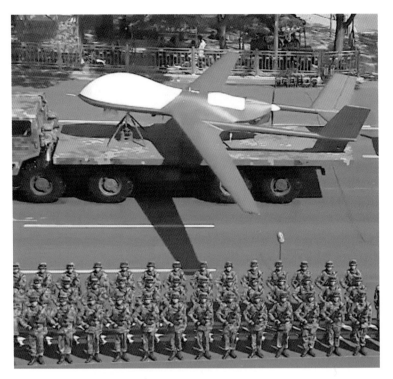

(a) "BZK-005" 无人机

(b) "BZK-005E" 无人机

图 1-31 "长鹰"系列无人机

外,该型无人机还广泛应用于民用和科学研究等领域,如灾情监视、缉私查毒、环境保护、大气研究、地质勘探、气象观测、大地测量、农药喷洒和森林防火等,如图 1-32 所示。

"翔龙"无人机(见图 1-33)是由中国航空工业集团有限公司成都飞机工业公司研发的一款高空侦察无人机,主要用于执行海上巡逻任务。该机全机长为 14.33 m,翼展为 24.86 m,巡航高度为 18 000~20 000 m,巡航速度大于 700 km/h,作战半径为 2 000~2 500 km,最长续航时间为 10 h。"翔龙"无人机大量采用复合材料,机翼采用菱形布局,机身曲线连续而光滑,具有较好的隐身性能,可以缩短远程监视雷达和高空防御系统的发现距离。

**图 1-32　"翼龙"无人机**

**图 1-33　"翔龙"无人机**

　　"彩虹-4"无人机(见图 1-34)是中国航天空气动力技术研究院在"彩虹-3"无人机的基础上研发的一款中程察打/侦察探测一体无人机,2011 年 9 月完成首飞。该机装有照相、摄像等装置、SAR 雷达和通信设备,除了常规侦察外,还可挂载 4 枚精确制导武器,对地面固定和低速移动的目标实施精确打击。"彩虹-4"无人机巡航高度可达 7 000 m,最大航程可达 3 500 km,巡航时间可达 35 h。

**图 1-34　"彩虹-4"无人机**

　　"彩虹-5"无人机(见图 1-35)是一款中空长航时察打一体无人机,2015 年 8 月完成首飞。该机可以搭载电子战综合系统,执行通信侦察干扰、雷达侦察干扰等任务。"彩虹-5"无人机翼展 20 余米,可挂载多种武器,使用灵活,具有重油动力、载重大、航时长、航程远等优势,可以与"彩虹-4""彩虹-3"无人机进行高低搭配,执行不同的作战任务或编队使用,通过不同梯度的作战配合,发挥体系综合作战效能。

**图 1 - 35 "彩虹 - 5"无人机**

"暗剑"无人机(见图 1 - 36)由沈阳飞机设计研究所设计,2006 年 10 月在珠海航展上首次公开亮相。"暗剑"无人机外形独特,采用箭形翼身融合布局,机身部分在垂直方向上呈现箭头形状的三角形,扁平的流线型机身和机翼圆滑过渡成整体升力面,机体与可伸缩前翼、常规机翼、尾翼组成适合高速和大过载机动飞行的整体布局,发动机进气道位于机身前部下方,是一种具有超声速、超高机动能力和低可探测性的无人作战飞机。

**图 1 - 36 "暗剑"无人机**

"利剑"隐身无人攻击机是由沈阳飞机设计研究所主持设计、中航工业洪都公司制造的工程试验机,2013 年 11 月首飞成功。与"翼龙""彩虹"系列无人机使用的螺旋桨发动机不同,"利剑"隐身无人攻击机采用的是涡扇发动机,最大起飞质量可达 10 t,并且具有自动跟踪和侦察功能。"利剑"隐身无人攻击机最大的优势是具有隐身能力,且采用了具有良好气动性能和低雷达特征的飞翼式布局(见图 1 - 37),除了执行常规的空中侦察、战场监视、定点清除任务,还可以执行压制敌方防空系统、对地攻击等作战任务,是"攻击 - 11"无人机的前身。

2019 年 10 月 1 日在中华人民共和国成立 70 周年国庆大阅兵中的无人作战模块展示了多种先进的无人作战飞机。其中,"无侦 - 8"无人侦察机(见图 1 - 38)可对敌防护严密的战略、战役目标实施有效突防,利用配装的多种侦察任务设备获取高分辨率目标图像,为各级作战部

图 1-37 "利剑"隐身无人攻击机

队提供侦察和打击效果评估情报。"攻击-11"无人机验证机(见图 1-39)是我国自主研制的高空长航时察打一体无人机,翼展达 14 m,航速马赫数达 0.8 左右,可外挂多种空地导弹,携弹量可达 2 t,具有战场侦察、搜索识别、精确打击等能力,能够全天候进行侦察打击任务。这些无人机的研制成功代表着我国无人机设计制造水平已达到世界先进水平。

图 1-38 "无侦-8"无人侦察机

图 1-39 "攻击-11"无人机验证机

### 1.4.2　旋翼无人机

除了固定翼无人机外,我国在无人直升机研发方面也取得了重大进展。比如,北京航空航天大学研制的"M22""F－60""F－120"系列无人直升机、南京航空航天大学研制的 M28"海鸥""LE110"和"翔鸟"无人直升机,中航工业直升机设计研究所自主研发的"AV200""AV500"无人直升机(见图1－40)等,在海事监管、侦察巡逻、环境监测、通信中继、搜索救援、农林防护、管道巡线、地质勘查、航空拍摄等多个领域发挥着越来越重要的作用。

多旋翼无人机的需求量在我国民用市场快速增长,尤其是大疆创新科技有限公司的大疆"悟"系列(见图1－41)、"精灵"系列(见图1－42)、"御"系列无人机,代表了小型多旋翼无人机制造的较高水平。同时迅速发展起来的还有零度、亿航等一大批民用无人机公司,并推出了四旋翼、六旋翼、八旋翼等多旋翼直升机,这些无人机使用方便、成本低廉、性能稳定,已在航拍、遥感测绘、森林防火、电力巡线、搜索及救援、影视广告等行业中得到了广泛的应用。

图1－40　"AV500"无人直升机

图1－41　大疆"悟"inspire 2 航拍无人机

图1－42　大疆"精灵"4 航拍无人机

# 1.5　无人机的发展趋势

随着无人机系统的发展,无人机从无人航空器扩展到临近空间无人飞行器,进而又扩展到太空无人飞行器;无人机系统的任务从单一的侦察监视扩展到信息对抗、通信中继等方面,目前又进一步扩展到精确打击、制空作战等领域;无人机系统的技术也进一步向自主控制、高生存力、高可靠性、互通互联等方向发展。就目前无人机的发展趋势来看，无人机的发展方向主要体现在以下几方面：

**1. 高空长航时方向**

在未来战争中，长航时无人机，特别是高空长航时无人机的使用将成为侦察卫星和有人驾驶战略侦察飞机的重要补充和增强手段。一些国家已将该类型无人机列入"军用卫星、载人飞船、预警机、战略导弹、长航时无人机"这一防卫作战大系统，以实施战略侦察，获取战略情报。

**2. 隐身化方向**

隐身战斗机的技术已日渐成熟，隐身技术应用到无人机上也是大势所趋。美军最先研制出的"暗星"隐身无人机就是一种高空长航时战术无人机。

**3. 精确打击，制空作战**

随着无人机的发展，未来将出现能够深入战区纵深，在高度危险战场环境中执行攻击任务的无人作战飞机。这种飞机能执行现有轰炸机、战斗机、武装直升机和巡航导弹的任务，是一种新型的精确打击武器系统。

**4. 微小型化、智能化**

微小型无人机操作简便、灵活，具有较强的机动性能和低空飞行优势，随着全球反恐和特种作战任务需求的增加，各国对微小型无人机的发展也十分重视。而且，随着电子技术和控制技术的发展，将来的无人机应能按预先设定的程序半自主地完成任务，甚至可以从头至尾完全自主地完成任务。

**5. 临近空间领域**

临近空间无人机在对特定区域的持续侦察监视、通信中继、导航、电子战、导弹防御、空间对抗等方面有着独特的优势，是陆、海、空、天装备的重要补充力量，已成为世界武器装备发展的焦点领域。

**6. 组网编队飞行**

无人机的脆弱性和载荷能力的局限性决定了随着其应用的不断扩展和用户对使用要求的不断提高，多无人机组网协作执行任务将是一个很好的发展方向。

**7. 多领域、多样化方向**

无人机除了在军事领域得到广泛应用外，近年来在民用领域也呈现出良好的发展态势。无人机的种类也根据其应用领域的扩展朝着多样化方向发展。相信在不久的将来，会有更多性能更完备的无人机在社会的各个领域发挥其独特的作用。

# 习　题

1-1　什么是无人机？

1-2　无人机有哪些分类？

1-3　军用无人侦察机和电子干扰机有哪些特点？

1-4　民用无人机有哪些用途？

1-5　列举几个世界范围内典型无人机的实例，并分析其技术特点。

1-6　列举几个中国典型无人机的实例，并分析其技术特点。

# 第2章 无人机系统组成

典型的无人机系统由飞行平台、动力装置、航电系统、任务载荷系统、地面系统、综合保障系统等组成,如图2-1所示。下面分别对无人机系统的各组成部分进行系统介绍。

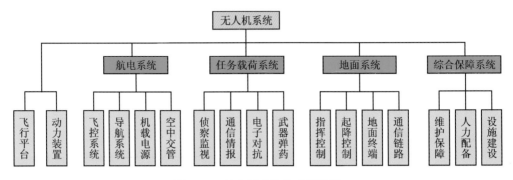

图2-1 无人机系统组成示意图

# 2.1 飞行平台

飞行平台是无人机最基本的组成部分,是无人机的主体。它将动力装置、导航系统、任务载荷以及其他部件组合成一个整体,以实现无人机在空中的飞行。

与有人驾驶飞机一样,无人机飞行平台根据获得升力的方式不同分为两大类:一类是轻于空气的飞行器,它们依靠空气的静浮力而升空,如气球、飞艇;另一类是重于空气的飞行器,它们依靠与空气的相对运动产生升力而升空,如飞机、直升机、旋翼机、扑翼机等。无人机系统飞行平台主要使用的是重于空气的带动力驱动的航空器。图2-2所示为各类无人机飞行平台。

从结构本身来讲,无人机飞行平台和有人驾驶飞机并无本质的区别,但无人机飞行平台结构相对简单,其特点主要体现在以下几方面:

① 不需要生命支持系统,平台规模尺度较小,更加简化。由于无人机上没有驾驶员,因此不需要座舱及相关设备,这样就可以进一步减小飞机的外形尺寸。

② 无须考虑过载、耐久性等与人相关的因素,平台更加专用化。相对于有人飞机,无人机结构在设计时可以根据需要放宽一些限制,在速度、高度、过载、航时和机动性能等方面都可以有较大幅度的提高。

③ 对外场使用、维护、场地、地面保障等方面的要求相对较低。

④ 与有人驾驶飞机相比可靠性指标要求较低。

**1. 固定翼平台**

固定翼飞行平台是使用数量最多的无人机平台。它由固定在机体上的机翼产生升力,并由装在机体上的动力装置产生前进的推力或拉力,从而使飞机飞行。图2-3所示为典型的固定翼飞行平台结构。

(a) 固定翼平台　　　　　　　　　　　　(b) 直升机平台

(c) 多旋翼平台　　　　　　　　　　　　(d) 扑翼机平台

(e) 浮空器平台

图 2-2　无人机飞行平台

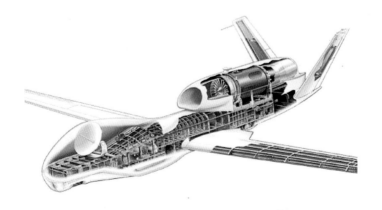

图 2-3　美国"全球鹰"无人机结构

固定翼无人机飞行平台可以根据技术需求的不同设计成不同的形状,但其主要结构与有人驾驶飞机非常类似,主要包括机身、机翼、尾翼、起落架等结构,各组成部分在无人机飞行过程中所起到的作用如下:

(1)机　身

机身的作用是装载任务载荷、设备、燃油和武器等,同时固定机翼、尾翼、起落架等部件使之连成一个整体。机身横截面以圆形为最好。但为满足其他要求(如安装发动机、隐身等),往往不得不采用椭圆形、卵形以及其他各种形状。

(2)机　翼

机翼是产生升力的主要部件,并与尾翼一起保证飞机的稳定性和操纵性。机翼后缘有可操纵的活动面,位于后缘外侧的舵面叫副翼,用于控制飞机的滚转运动;位于后缘内侧的是襟翼,用于增加起飞着陆阶段的升力,如图2-4所示。另外在机翼内部可以装载燃油、设备、武器等,机翼上还可以安装起落架、发动机,悬挂导弹、副油箱及其他外挂设备。

(3)尾　翼

尾翼是用来配平、稳定和操纵固定翼飞行器飞行的部件,通常包括垂直尾翼和水平尾翼两部分。垂直尾翼由固定的垂直安定面和安装在其后部的方向舵组成;水平尾翼由固定的水平安定面和安装在其后部的升降舵组成。方向舵用于控制飞机的飞行方向,升降舵用于控制飞机的俯仰运动,如图2-4所示。

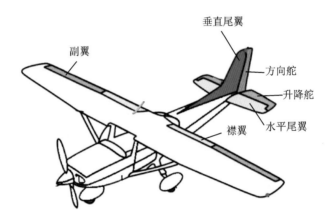

**图2-4　固定翼飞行平台的组成**

(4)起落架

飞机起落架是为飞机起飞、着陆和地面停放之用。它可以吸收飞机着陆冲击时的能量,减小冲击载荷,改善滑行性能。起落架常见的形式有轮式起落架、滑橇式起落架、浮筒式起落架等,为了提高滑橇式无人机的起飞性能,经常会采用发射装置帮助其起飞。图2-5所示为无人机常用的轮式起落架。图2-6所示为具有滑橇式起落架的无人机正在发射起飞。

**2. 旋翼平台**

旋翼平台即旋翼航空器平台,其飞行所需的升力是由绕固定的旋转轴旋转的"旋翼"产生的,旋翼平台的旋翼旋转时与空气产生相对运动从而获得升力。

现代旋翼航空器通常有直升机、自转旋翼机和多旋翼直升机三种类型。

图 2-5　轮式起落架　　　　　　　　　图 2-6　滑橇式起落架飞机起飞

（1）直升机

直升机是一种由相对于机体旋转的旋翼提供升力和推进力的航空器,其动力装置直接驱动旋翼旋转。

直升机主要由机身、起落架、动力系统、旋翼系统和尾翼几组成部分,它们的作用如下:

① 机身:将其他部件安装到机身上使其形成一个整体。

② 起落架:为直升机提供地面支撑和在地面的运动,并起到减振吸能的作用。

③ 动力系统:为直升机提供动力,驱动旋翼旋转。

④ 旋翼系统:提供直升机飞行所必需的升力,并使直升机产生垂直升降、前后、左右飞行的力。

⑤ 尾翼:提供反扭力矩,防止直升机旋转,并控制直升机的偏航运动。

直升机具有大多数固定翼飞行器所不具备的垂直升降、悬停、小速度向前或向后飞行的特点,这些特点使得直升机在很多场合能实现固定翼飞机所不能完成的功能,如海上救援、吊装、架线、植保、巡查等,如图 2-7 和图 2-8 所示。

与固定翼飞机相比,直升机的缺点主要是速度低、噪声大、航程较短。

图 2-7　直升机植保作业

图 2 - 8　直升机巡查

（2）自转旋翼机

自转旋翼机简称旋翼机。旋翼机与直升机的最大区别是旋翼机的旋翼不与发动机传动系统相连，因此，发动机并不能驱动旋翼旋转为飞机提供升力。旋翼机的飞行过程如下：发动机驱动水平布置的螺旋桨产生向前的推力，使旋翼机产生一定的向前的运动速度，从而使相对运动的气流吹动旋翼旋转产生升力，使旋翼机飞行。旋翼机必须像固定翼航空器那样滑跑加速才能起飞，因此，不能像直升机那样进行稳定的垂直起降和悬停。图 2 - 9 所示为自转旋翼机的起飞滑跑过程。

由于旋翼为自转式，传递到机身上的扭矩很小，因此旋翼机不必像单旋翼直升机那样安装尾桨，但一般装有尾翼，以控制飞行。在向前飞行的过程中，旋翼机与直升机最明显的姿态区别是，直升机的旋翼面向前倾斜，而旋翼机的旋翼面则是向后倾斜的，如图 2 - 10 所示。

图 2 - 9　自转旋翼机滑跑起飞滑跑

图 2 - 10　飞行中旋翼机的旋翼姿态

有些旋翼机在起飞时，旋翼也可通过"离合器"与发动机相连，靠发动机带动旋转而产生升力，这样可以缩短起飞滑跑距离，并像直升机那样几乎陡直地向上爬升，但仍不能垂直上升，也不能在空中悬停，升空后再松开"离合器"，此时旋翼就可以在空气动力作用下自由旋转而产生升力。

与直升机相比，旋翼机的结构非常简单，造价低廉，安全性也较好，一般用于通用航空或运动类飞行。

（3）多旋翼直升机

多旋翼直升机多属于无人机，由于其结构简单，便于小型化生产，近年来在小型无人直升机领域大量应用，常见的有四轴、六轴和八轴直升机，如图 2－11 所示。

(a) 四旋翼直升机

(b) 六旋翼直升机

(c) 八旋翼直升机

**图 2－11 多旋翼直升机**

与传统的直升机相比，多旋翼直升机的主要优点如下：旋翼角度固定，结构简单；每个旋翼的桨叶比较短，桨叶末端的线速度低，发生碰撞时冲击力小，不容易损坏，对人也更安全；体积小，质量轻，因此携带方便，能在人不易进入的各种恶劣环境中作业。多旋翼直升机可以在无人驾驶的条件下完成复杂的空中飞行任务和搭载各种任务载荷，如可执行航拍、取景、实时监控、地形勘探等多种任务。

**3. 其他飞行平台**

除了上述几种常见的航空器飞行平台外，扑翼机、倾转旋翼机和飞艇也可作为无人机的飞行平台使用。

（1）扑翼机

扑翼机是像鸟类和昆虫那样上下扑动翅膀而升空飞行的航空器。作为一种仿生学器械，扑翼机与它模仿的对象一样，用扑动机翼的同时产生升力和推进力。但由于升力和推进力由同一部件产生，因此涉及的工程力学和空气动力学问题非常复杂，其规律尚未被人类完全掌握，具有实用价值的中大型扑翼机还处于研制阶段，但微型扑翼机目前已有了较大的进展。图 2－12 所示为仿蜻蜓微型扑翼机。

（2）倾转旋翼机

倾转旋翼机是一种同时具有旋翼和固定翼功能的航空器，它在机翼两侧各安装了一套可在水平和垂直位置之间转动的可倾转旋翼系统。倾转旋翼机在动力装置旋转到垂直位置时相当于横列式直升机，可进行垂直起降、悬停、低速空中盘旋等直升机的飞行动作；而在动力装置

**图 2 - 12　仿蜻蜓微型扑翼机**

旋转至水平位置时相当于固定翼螺旋桨式飞机,可实现比直升机更快的巡航速度,因此有人把它称为"直升飞机",它兼有直升机和固定翼飞机的优点,具有很好的应用前景。图 2 - 13 所示为美国贝尔直升机公司研制的"鹰眼"无人倾转旋翼机,用于海事巡逻等空中作业。

**图 2 - 13　"鹰眼"无人倾转旋翼机**

（3）飞　　艇

　　飞艇是由发动机提供前进动力的、轻于空气的航空器,一般由艇体、尾面、吊舱和推进装置等部分组成。艇体的外形呈流线型,以减小航行时的阻力,内部充密度比空气小的氢气或氦气,以产生静浮力使飞艇升空。飞艇曾广泛应用于海上巡逻、反潜、远程轰炸等,随着飞机的出现,飞艇的功用逐渐转变为商业运输,并在空中平台、侦察、广告业等方面发挥着重要作用,如图 2 - 2(e)所示的浮空器平台。

# 2.2　动力装置

　　无人机使用的动力装置主要有活塞式发动机、涡轮喷气发动机、涡轮风扇发动机、涡轮螺桨发动机、涡轮轴发动机、冲压发动机和电动机等。为了满足不同无人机的需求,无人机动力装置的功率和推力变化范围很大,但基本上是属于中小型发动机的范畴。

　　无人机发动机类型的选择主要与无人机的飞行性能有关。一般来说,活塞式发动机适用于低速、中低空的侦察、监视无人机和长航时无人机,飞机起飞质量较小,一般为几百千克。涡轮喷气发动机适用于飞行时间较短的中高空、高速侦察机及靶机和无人攻击机等,起飞质量可达 2 500 kg,如图 2 - 14 所示的以涡轮喷气发动机为动力的美国"火蜂"靶机。涡轮风扇发动机适用于高空长航时无人机和无人战斗机,飞机起飞质量可以很大,如美国的"全球鹰"无人机重达 11.6 t(见图 2 - 3)。涡轮螺桨发动机适用于中高空长航时无人机,飞机起飞质量可达 3 000 kg,如美国"捕食者"系列无人机采用的就是涡轮螺桨发动机,参见图 1 - 4 所示的"死神"无人战斗机。涡轮轴发动机适用于中低空、低速短距/垂直起降无人机和倾转旋翼无人机,飞机起飞质量可达 1 000 kg 或更高。冲压发动机适用于高超声速的高空无人机,飞行速度可达 5 倍声速以上,如图 1 - 11 所示的美国的 X - 43A 无人机。微型电动机等微型动力适用于微型无人机,飞机起飞质量可小于 100 g,图 2 - 11 所示的多旋翼直升机等。

**图 2 - 14　采用涡喷发动机的美国"火蜂"靶机**

表 2 - 1 给出了不同类型的发动机所适用的无人机的情况。

**表 2 - 1　不同类型的发动机所适用的无人机**

| 发动机类型 | 速度 /(km·h⁻¹) | 使用高度/m | 续航时间/h | 起飞质量/kg | 适用的无人机类型 |
|---|---|---|---|---|---|
| 活塞发动机 | 110～259 | 2 500～9 750 | 1～48 | 30～1 150 | 长航时、侦察、监视、反辐射无人机等 |
| 涡喷发动机 | 700～1 100 | 3 000～17 500 | 0.2～3.0 | 160～2 500 | 靶机、高速侦察机、攻击无人机 |
| 涡扇发动机 | 500～1 000 | 3 000～20 000 | 3～42 | 600～12 000 | 中高空长航时侦察、监视及无人作战飞机 |
| 涡桨发动机 | 357～500 | 14 000～16 000 | 25～32 | 1 650～3 200 | 中空长航时、攻击无人机 |
| 涡轴发动机 | 160～390 | 4 000～6 100 | 3～4 | 658～1 100 | 短距/垂直起降无人机 |
| 微型电动机/内燃机/喷气发动机 | 36～72 | 45～150 | <10 | <0.1 | 侦察、监视、搜索等 |

不同用途的无人机对动力装置的要求也不相同。对一次性使用的靶机、自杀式无人机等的动力装置,主要要求其推重比高、抗过载和抗进口气流畸变能力强,而寿命可以较短;对无人

战斗机的动力装置，主要要求其工作包线宽、加减速性能好、巡航耗油率低、隐身性能好；对高空长航时无人机的动力装置，则要求其耗油率低、寿命长、飞行范围广、高空特性好；对于微小型低空无人机的动力装置，由于其所需功率较小，因此要求其质量小，成本低。

# 2.3 飞控系统

飞行控制系统简称飞控系统，是无人机完成起飞、空中飞行、执行任务和返场回收等整个飞行过程的核心系统，飞控系统对于无人机来说相当于驾驶员对于有人机的作用，是无人机最核心的技术之一。

飞控系统在无人机上的功能主要体现在两方面：一是飞行控制，即无人机在空中保持飞行姿态与航迹的稳定，以及按地面无线电遥控指令或者预先设定好的高度、航线、航向、姿态角等改变飞机的姿态与航迹，保证飞机稳定飞行；二是飞行管理，即完成飞行状态参数采集、导航计算、遥测数据传送、故障诊断处理、应急情况处理以及任务设备的控制与管理等工作，这也是无人机进行无人飞行和完成既定任务的基础。因此，飞行控制系统也叫飞行控制与管理系统。

无人机飞行控制系统一般包含传感器、飞控计算机和伺服作动设备三大部分。

飞控系统常用的传感器包括角速率传感器、姿态传感器、航向传感器、高度和空速传感器、飞机位置传感器、迎角传感器等。

角速率传感器是飞控系统的基本传感器之一，用于感受无人机绕机体轴的转动角速率，以构成角速率反馈，改善系统的阻尼特性、提高稳定性。姿态传感器用于感受无人机的俯仰角和滚转角，航向传感器用于感受无人机的航向角，姿态、航向传感器用于实现姿态航向稳定与控制功能。高度和空速传感器用于感受无人机的飞行高度和空速，是高度保持和空速保持的必备传感器。飞机位置传感器用于感受飞机的位置，是飞行轨迹控制的必要前提。迎角传感器是测量飞机迎角的装置，当实际迎角接近临界迎角而使飞机有失速危险时，失速警告系统即发出告警信号对飞机预警。

飞控计算机是无人机控制与管理的核心部件，它集机载控制测量设备管理、导航管理、飞行状态管理、无线电链路管理、任务设备管理于一体，是联系空中和地面指挥系统的枢纽。从无人机飞行控制的角度来看，飞控计算机应具备姿态稳定与控制、导航与制导控制、自主飞行控制、自动起飞和着陆控制等功能。

伺服作动设备也称舵机，是飞控系统的执行部件。其作用是接收飞行控制指令，进行功率放大，并驱动舵面或发动机节风门偏转，从而达到控制无人机姿态和轨迹的目的。

无人机的控制方式通常分为自主控制和半自主控制、指令控制、人工控制几种方式。

自主控制是指飞控系统将按照预先设定的航路和任务规划控制无人机飞行，飞行过程中飞行控制系统根据传感器获取的飞机状态信息和任务规划信息自动控制无人机的飞行，无须人工参与。自主控制过程中，敏感元件判断飞机与预定航路的偏离情况，然后将情况传输给飞控计算机进行运算处理，并由飞控计算机自动给出操纵指令，再将操纵指令传达给执行装置直接操纵舵面偏转，使无人机按预定航线飞行。图2-15所示为自主控制飞行的控制原理图。

半自主控制是指飞行控制系统一方面根据传感器获取的飞机状态信息和任务规划信息自主控制无人机的飞行；另一方面接收地面控制站的遥控指令，以改变无人机的飞行状态。

指令控制是指地面操作员通过地面站发送遥控和遥调指令，飞行过程中无人机由飞控系

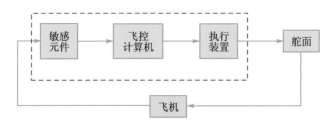

**图 2-15　自主控制飞行的控制原理图**

统响应这些指令,操作员根据无人机的状态信息和任务要求控制无人机飞行。图 2-16 所示为指令控制飞行的原理图。

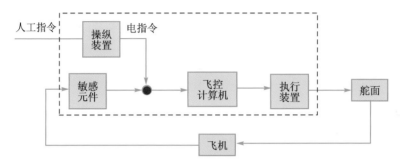

**图 2-16　指令控制飞行的原理图**

人工控制是完全由操作员通过操控设备来遥控无人机的飞行。

在对无人机的操控过程中,固定翼无人机飞行的控制通常包括方向舵、副翼、升降舵、油门、襟翼等控制舵面,通过舵机使飞机的翼面偏转,产生相应的操纵力矩,控制飞机产生转弯、爬升、俯冲、横滚等动作。

舵机通常分为液压式和电动式两种,无人机一般使用的是电动式舵机。电动式舵机及其工作原理如图 2-17 所示。电动式舵机的转轴输出端通过摇臂与舵面旋转轴处设置的可以活动的铰链用刚性连接连接起来,当舵机旋转一定的角度时,则会带动铰链旋转相应的角度,从而实现对舵面偏转角度的控制。

(a) 电动式舵机

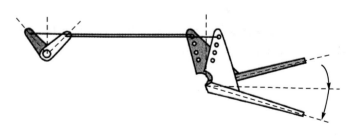
(b) 电动式舵机工作原理

**图 2-17　电动式舵机及其工作原理**

直升机平台无人机通常通过控制直升机的倾斜盘、油门、尾舵等控制直升机的转弯、爬升、俯冲和横滚等动作。而多轴旋翼无人机一般通过控制各轴螺桨的转速来控制无人机的姿态,以实现以上各种运动。图 2 – 18 所示为 EAGLE N6 – v2 无人机飞控设备。

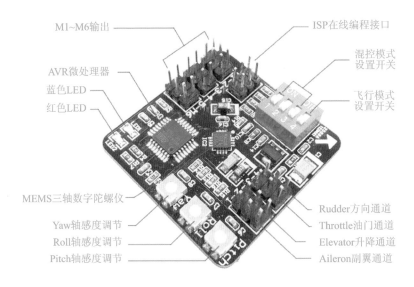

**图 2 – 18　EAGLE N6 – v2 无人机飞控设备**

# 2.4　导航系统

按照规定的计划和要求,将无人机从起始点沿一定的航线引导到目的地的过程称为导航。用来完成上述引导任务的系统称为导航系统。

导航系统是无人机的重要组成部分。它的任务是确定无人机相对于所选定的参考坐标系的位置、速度、飞行姿态,引导无人机沿规定的航线安全、准时、准确地从一点飞到另一点。无人机导航系统主要具有以下功能:

① 获得必要的导航要素,包括高度、速度、姿态和航向等。

② 给出满足精度要求的定位信息,包括经度、纬度等。

③ 引导飞机按规定计划航行。

④ 接收预定任务航线计划,并对任务航线的执行进行动态管理。

⑤ 接收并执行控制站的导航模式控制指令,具有指令导航模式与预定航线飞行模式相互切换的功能。

⑥ 具有接收并融合无人机其他设备的辅助导航定位信息的能力。

⑦ 配合其他系统完成各种任务。

导航方法通常分为自主导航与非自主导航两大类。

自主导航系统是指运动体完全依靠所载的设备自主地完成导航任务,和外界不发生任何光、电联系。自主导航的导航信息不依靠外界条件的支持,隐蔽性好。非自主式导航系统是指机载设备需要依靠外部基准(地面基准或卫星基准)导航台来获取导航信息和数据的一种导航方式。这类导航系统的缺点是系统功能和性能受基地设备的限制,尤其是战时易受到敌方的破坏和干扰。

**1. 自主式导航系统**

惯性导航系统(INS)是一种既不依赖于外部信息也不向外部辐射能量的自主式导航系统。其工作环境不仅包括空中、地面,还包括水下。它利用陀螺和加速度计为惯性敏感元件测量飞机相对惯性空间的线运动和角运动参数。在给定的运动初始条件下,由计算机推算出飞机的姿态、方位、速度和位置等参数,引导飞机完成规定的飞行任务。

目前常用的惯性导航系统可分为平台式惯导系统和捷联式惯导系统。它们的主要区别如下:前者有实体的物理平台,陀螺和加速度计置于由陀螺稳定的平台上,该平台跟踪导航坐标系以实现速度和位置的解算,姿态数据直接取自于平台的环架;后者的陀螺和加速度计直接固连在飞机上,惯性平台的功能由计算机完成故有时也称之为"数学平台",它的姿态数据是通过计算得到的。图 2 - 19 和图 2 - 20 所示分别为平台式惯导系统和捷联式惯导系统。

图 2 - 19　液浮陀螺平台惯导系统

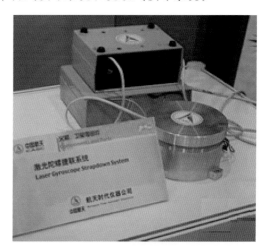

图 2 - 20　激光陀螺捷联惯导系统

惯性导航系统的突出优点是自主性强,它可以连续地提供包括姿态基准在内的全部导航信息与制导信息,并且具有很好的短期精度和稳定性。但是,从初始校准开始,其导航误差会随时间的推移而增加,而且对于一般的惯性导航系统来说,加温和初始校准所需的时间也比较长,这就无法满足远距离、高精度的导航和在某些特定条件下的快速反应等性能要求。因此,为解决这些问题就需要高质量的惯性元件和温度控制系统,从而也导致了其成本的大幅度升高。

除了上述导航技术外,常用的导航技术还有图像匹配导航和天文导航。

图像匹配导航是利用机载计算机预先存储的基准数据(数字地图或景象图,如图 2 - 21 所示),与飞机飞到预定位置时机载传感器测出的地形轮廓或实时景象图进行相关处理、比较,确定出飞机的当前位置,进而得到偏离预定位置的纵向和横向偏差,并进一步对飞机进行导航。

天文导航是利用光学仪器观测星体高度角和方位角,进而确定飞机的位置。星体跟踪器利用光学或射电望远镜接收星体辐射的电磁波测量高度角及方位角,推算飞机在地球上的位置及航向。在空气稀薄的高空,天文导航是比较理想的;但在低空,天文导航易受到云层及气象条件的限制。

**2. 非自主式导航系统**

无线电导航是典型的非自主式导航系统。它是通过测量无线电电波从发射台(为已知位

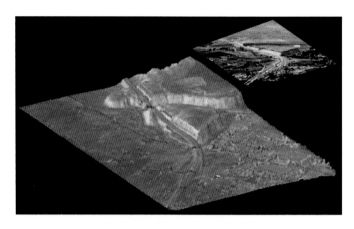

图 2 - 21　预先存储的数字地图

置或通过计算获得)到用户接收机的传输时间来定位的,也可以通过测量无线电信号的相位或相角来定位。按照发射机或转发器所在的位置,无线电导航可分为地面基导航系统和空间基导航系统。

利用地面导航台对飞机进行导航与定位属于地面基导航系统。地面导航台通过无线电数据链系统完成对无人机的跟踪测向与测距,并与机载传感器获得的气压高度一起构成飞机的三维位置坐标,实现对无人机的跟踪和定位。图 2 - 22 所示为用于测向和测距的无线电地面导航台。

图 2 - 22　地面 VOR - DME 导航台

卫星导航系统是一种空基无线电导航系统,具有全天候、全区域和连续精确定位的能力。其中,美国研制的全球卫星定位系统(GPS)是当前最先进的卫星导航系统。GPS 是美国国防部从 20 世纪 70 年代开始研制的,历时 20 年,耗资 200 亿美元,于 1994 年全面建成。GPS 导航系统的空间部分由 24 颗高度约 20 000 km 的卫星组成了空基卫星系统,具有海、陆、空全方位的实时三维导航与定位能力,其卫星布置如图 2 - 23 所示。另外,俄罗斯研制的格洛纳斯卫星导航系统(GLONASS)与美国的 GPS 导航系统类似,也可以实现全球定位功能。

北斗卫星导航系统是中国自行研制的全球卫星导航系统,是继美国全球定位系统(GPS)、俄罗斯格洛纳斯卫星导航系统(GLONASS)之后的第三个成熟的卫星导航系统。北斗卫星导航系统空间段由 5 颗静止轨道卫星和 30 颗非静止轨道卫星组成,2012 年具备了覆盖亚太地

**图 2 - 23 美国的 GPS 导航系统**

区的定位、导航和授时以及短报文通信服务能力,预计在 2020 年左右将建成覆盖全球的北斗卫星导航系统。图 2 - 24 所示为中国的北斗卫星导航系统。

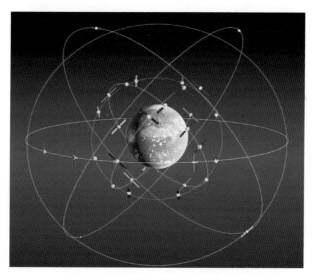

**图 2 - 24 中国的北斗卫星导航系统**

**3. 组合导航系统**

每一种导航系统单独使用都有其优缺点。如广泛使用的 GPS 导航系统,其优点是体积小、价格低、定位精度高,但其缺点也很明显,即非自主,易受干扰和电子欺骗等。惯性导航系统的优点是完全自主,且可以以很高的数据率实时输出飞行器的位置、速度和姿态等导航参数,其缺点是导航定位误差会随时间积累而增大。对于无人机而言,其飞行时间很长,如果单独使用惯性导航系统将无法满足其对长时间导航精度的要求。因此,组合导航系统是现代无人机导航的一个主要发展方向。通过组合取长补短,可显著提高系统的导航精度,增强可靠性。目前常用的组合导航方式包括 INS/GPS 组合、INS/GPS/地形匹配组合、INS /图像匹配组合、INS/ GPS/合成孔径雷达组合等。

# 2.5　电气系统

为使无人机各系统和设备正常工作,完成预定的功能,需要使用各种形式的能源。在无人机上使用的动力、测控、飞行控制与管理、导航、任务设备等系统都与电气系统有关。因此,电气系统也是无人机系统的一个重要组成部分,它的工作状态及运行性能将直接影响无人机和全系统的正常工作。

无人机电气系统一般包括电源系统、配电系统和用电设备三部分,电源系统和配电系统统称为供电系统。供电系统的功能是向无人机各用电系统或设备提供满足设定要求的电能。

根据电气系统的位置,无人机电气系统又可分为机载电气系统和地面供电系统两部分。机载电气系统主要由电源、应急电源、电气设备的控制与保护装置及辅助设备组成。

机载电气系统的供电电源一般是指无人机主动力系统直接驱动的发电装置。对于微小型的无人机,电动无人机的动力电池即为无人机的供电电源。图 2 - 25 所示为 YUNEEC Q500 四旋翼航拍无人机的电源及安装过程。

**图 2 - 25　YUNEEC Q500 四旋翼航拍无人机的电源**

在一些大型无人机上,为了适应用电系统或设备对供电类型的不同要求,还应根据需要设置变换电源。一旦主电源系统发生故障,必须由应急电源为无人机安全飞行和返航着陆所必需的系统或设备提供足够的电能。

配电系统应将电能可靠而有效地输送到各个用电系统和设备。配电系统由传输电线和控制与保护装置组成。对于重要的系统或设备,还应有多路的独立供电措施。当配电系统中发生局部性的故障时,不能扩大影响到未发生故障的部分,更不能危及无人机的安全。

# 2.6　任务载荷

无人机任务载荷也称任务设备。任务设备按用途分类,可以分为侦察搜索设备、测绘设备、军用专用设备、民用专用设备等。常用的侦察搜索设备有光电平台、SRA 雷达、激光测距仪等。而测绘设备则是测绘雷达、航拍相机等。图 2 - 26 所示为 MQ - 9"死神"无人机所使用的用于监视与侦察的 AAS - 52 型多光路光电转塔。图 2 - 27 所示为装载在多旋翼无人机上的任务相机。

图 2 - 26　AAS - 52 型多光路光电转塔　　　　图 2 - 27　多旋翼无人机上的任务相机

　　质量是无人机设计制造和运行中的一个重要因素,任务设备加装和更换时必须考虑到对飞机质量和质心的影响。

　　无人机的质心位置对于其稳定性和安全性非常重要。如果无人机的质心沿纵轴太靠前,就会产生头重现象;相反,如果质心沿纵轴太靠后,就会产生后重现象。随着装载对象被移动或者被消耗,质心的位置就会有一个合成的偏移,不适当的质心位置可能会导致无人机出现不稳定状态,这就需要通过无人机的配平来保证质心沿纵轴的前后位置。

　　质心相对横轴的位置也很重要,如果机身中线左右两侧的质量不平衡,就有可能由于横向的不平衡载荷使飞机侧翻。比如,如果燃油载荷管理不善,仅从无人机一侧的油箱不均衡地向发动机供油,就会导致无人机的横向不平衡。此时就需要无人机通过调整副翼配平片或者在副翼上保持持续的控制力来抵消这种不平衡状态,但这样会增加飞行阻力,还会降低飞行效率。

# 2.7　数据链路

　　数据链路是无人机系统的重要组成部分,是无人机与地面系统联系的纽带,其主要任务是建立一个空地双向数据传输通道,用于完成地面控制站对无人机的远距离遥控、遥测和任务信息传输。数据链路设备包括遥控设备、遥测设备、跟踪测量设备、信息传输设备和数据中继设备等。遥控设备用于实现对无人机和任务设备进行的远距离操作,遥测设备用于实现对无人机状态的监测,跟踪测量设备用于对无人机进行连续跟踪测量,并实时获得无人机的三维坐标信息,信息传输设备则通过下行无线信道向测控站传送由机载任务传感器所获取的视频、图像等信息。数据中继设备可以通过对接收信号进行再生和发送,进一步增加信号的传输距离。

　　无人机数据链路一般由机载部分和地面部分组成。机载部分包括机载数据终端和天线。机载数据终端包括射频接收机、发射机以及调制解调器,天线主要采用全向天线。地面部分包含地面数据终端和一副(或几副)天线。地面数据终端由射频接收机和发射机以及调制解调器组成,一般可以分装成以下几部分:一辆天线车、一条连接地面天线和指挥控制站的本地数据连线以及地面控制站中的若干处理器和接口。

　　无人机的数据链按照传输方向可分为上行链路和下行链路。上行链路主要完成地面站到无人机的遥控指令的发送和接收,下行链路主要完成无人机到地面站的遥测数据以及红外或电视图像的发送和接收,并根据定位信息的传输利用上、下行链路进行测距。无人机链路传输示意图如图 2 - 28 所示。

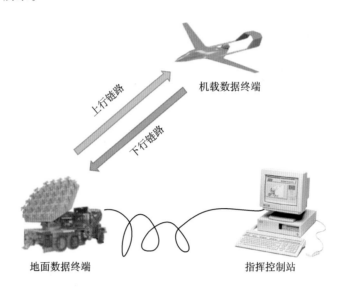

**图 2 - 28   无人机链路传输示意图**

通信设备(数据链路设备)在无人机系统中占有非常重要的地位,用于实现无人机和地面站之间的信息传输,数据链路设备利用上、下行链路传输无人机飞行数据,必要的时候可以采用中继链路。地面站数据链路设备接收数据后予以处理显示,形成人机交互界面,实现对无人机的状态监控。

# 2.8   地面控制站

无人机地面控制站也称遥控站或者任务规划与控制站。无人机系统的控制是一种"人在回路"的控制,无人机没有机上驾驶员,需要地面人员进行操控。由于是无人驾驶飞行,在飞行前需要事先规划和设定它的飞行任务和航路,在飞行过程中,地面人员还要随时了解无人机的飞行情况,根据需要操控飞机的调整姿态和航路,及时处理飞行中遇到的特殊情况,以保证飞行安全和飞行任务的完成。另外,地面操控人员还要通过数据链路操控机上任务载荷的工作状态,以确保遥感或侦察监视等任务的圆满完成。地面人员要完成这些指挥控制与操作功能,除了需要数据链路的支持以传输数据和指令外,还需要能够提供状态监控、任务规划与指挥控制等相应功能的设备和系统。

在规模较大的无人机系统中,可以有若干个控制站,这些不同功能的控制站通过通信设备连接起来,构成无人机地面站系统。地面控制站与其他通信设备的关系如图 2 - 29 所示。

无人机地面站系统的功能通常包括指挥控制、任务规划、操作控制、显示记录等。它们的主要作用如下:

① 指挥控制模块主要进行上级指令接收、系统之间联络、系统内部的调度等工作。

② 任务规划模块主要进行飞行航路规划与重规划、任务载荷工作规划与重规划等工作。

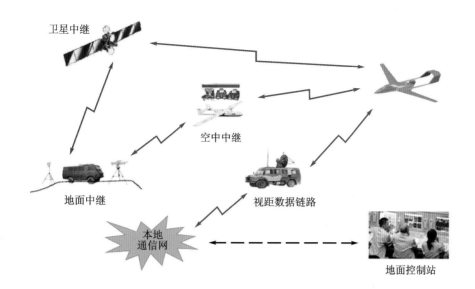

**图 2 - 29 地面控制站与其他通信设备的关系**

③ 操作控制模块主要进行起降操纵、飞行控制操作、任务载荷操作、数据链控制等工作。

④ 显示记录模块主要进行飞行状态参数显示与记录、航迹显示与记录、任务载荷信息显示与记录等工作。

无人机地面控制站主要由飞行操纵、任务载荷控制、数据链路控制和通信指挥等组成,可完成对无人机机载任务载荷等的操纵控制。一个无人机控制站可以指挥控制一架无人机,也可以同时控制多架无人机;一架无人机可以由一个控制站完成全部的指挥控制工作,也可以由多个控制站来协同完成指挥控制工作。

图 2 - 30 所示为"死神"无人机的地面控制站。"死神"无人机于 2007 年首次被派往阿富汗进行作战部署,又于 2008 年被派往伊拉克,它的作战行动完全由 11 000 km 外的内华达州地面控制站负责,由一位飞行员和一位传感器控制人员组成的两人小组负责无人飞行器的操控和图像显示,驻内华达州克里克空军基地的另一个类似小组则负责飞经伊拉克领空的无人

**图 2 - 30 "死神"无人机的地面控制站**

机的长途飞行控制。控制人员通过卫星传递信号给无人机的导航和作战系统,可随时对目标发动攻击,并同时与驻伊拉克的无人机部队进行实时卫星图像联络。

无人机操纵与控制主要包括起降操纵、飞行控制、任务设备(载荷)控制和数据链管理等。地面控制站内的飞行控制席位、任务设备控制席位、数据链路管理席位都应设有相应分系统的操作装置。

起降阶段是无人机操纵中最难控制的阶段。起降控制程序应简单、可靠、操纵灵活,操纵人员可直接通过操纵杆和按键快捷介入控制通道,控制无人机的起降。根据无人机不同的类别及起飞重量,其起飞/降落的操纵方式也有所不同。常见的起飞方式包括滑跑起飞、弹射起飞、发射起飞等;常见的回收方式包括滑跑降落、伞降回收、撞网回收等。图2-31所示为无人机的起飞操作过程。

**图2-31　无人机的起飞操作**

飞行控制是指采用遥控方式对无人机在空中整个飞行过程进行控制。无人机的种类不同、执行任务的方式不同,这就决定了无人机有多种飞行操纵方式。遥控方式是通过数据链路对无人机实施的飞行控制操作,一般包括舵面遥控、姿态遥控和指令控制三种方式。图2-32所示为工作人员正在遥控无人机喷洒农药。

**图2-32　遥控无人机喷洒农药**

任务设备控制是地面站任务操纵人员通过任务控制单元(任务控制柜)发送任务控制指令控制机载任务设备工作。同时,地面站任务控制单元处理并显示机载任务设备的工作状态,供任务操纵人员判读和使用。

数据链管理主要是对数据链设备进行监控,使其完成对无人机的测控与信息传输任务。

# 2.9　发射与回收系统

**1. 无人机的发射方式**

无人机的发射方式可归纳为零长度发射、弹射发射、起落架滑跑起飞、载机空中发射、容器式发射、垂直起飞、投掷发射等类型。在地面发射时,无人机使用较为广泛的发射方式是零长度发射和弹射发射。大展弦比的无人机,特别是长航时无人机,通常用起落架滑跑起飞的方式。载机空中发射方式的主要优点是机动性高、发射点活动范围大,可降低无人机燃油载量和航程要求,小、轻型无人机多采用这种发射方式。容器式发射装置常用于发射轻型无人机,或用于在军舰和潜艇上发射的无人机。垂直起飞方式是旋翼无人机广泛采用的起飞方式。投掷发射常用于质量和尺寸较小的无人机。

（1）零长度发射

无人机安装在零长度发射装置上,在一台或多台助飞火箭发动机推力作用下飞离发射装置,无人机起飞后,抛掉助飞火箭,由飞机上的主发动机完成飞行任务。例如,加拿大的CL-289 无人机,该机机身尾部装有 1 台涡轮喷气发动机,在其后通过推力杆链接 1 台助飞火箭发动机。在助飞火箭作用下,无人机从车载零长度发射装置上发射。助飞火箭工作几秒后自动分离无人机,由涡轮喷气发动机完成飞行任务。图 2-33 所示为无人机车载零长度发射。

**图 2-33　无人机车载零长度发射**

（2）弹射式发射

无人机安装在轨道式发射装置上,在压缩空气、橡皮筋或液压等动力弹射装置的作用下起飞,无人机飞离发射装置后,在主发动机作用下完成飞行任务。例如,英国的"不死鸟"无人机是在液压弹射器作用下从车载斜轨上发射的,图 2-34 所示的波音公司的"扫描鹰"轻型无人机是在地面斜滑轨发射装置上发射的。

图 2－34 "扫描鹰"轻型无人机地面弹射发射

（3）起落架滑跑起飞

无人机的这种起飞方式与有人飞机类似，其主要不同包括以下几点：

① 大多数无人机，尤其是轻、微型无人机，采用固定式起落架；航程较远和飞行时间较长的大、小型无人机采用可收放式起落架。

② 有些无人机采用了可弃式起落架，在无人机滑跑起飞后，起落架便被扔下，回收无人机时，可采用别的方式。例如，美国的"秃鹰"和巴西的 BQM－1BR 均采用了可弃式起落架。

③ 起飞滑跑跑道较短，对跑道的要求不像有人飞机那样苛刻。

（4）载机空中发射

无人机由有人飞机（固定翼飞机或旋翼式直升机）携带到空中，当飞行到某飞行高度和速度时，在空中发射无人机。固定翼载机携带无人机，一般采用翼下悬挂或机腹半隐蔽式携带方式，直升机一般在机身两侧携带无人机。例如，意大利的"米拉奇 100"无人机由 Agusta A109 直升机携带并进行空中发射；美国的"萤火虫"靶机由 DC－130"大力神"载机携带并进行空中发射，图 2－35 所示为"萤火虫"靶机在机翼下的挂载方式。

图 2－35 "萤火虫"挂在 DC－130"大力神"运输机的机翼下发射

（5）容器式发射装置

容器式发射装置是一种封闭式发射装置，兼备发射与存放无人机的功能。它有单室式和多室式两种类型。多室式发射装置含有多个发射室，每室内有 1 架无人机，安装在室内发射轨道上，室内还配备有动力设备和电子设备。发射时，靠室内动力设备开启室门，推出轨道，调整发射角度后，可按先后次序发射每个室内的无人机或成组发射无人机，也可同时齐发无人机。例如，美国的"勇士"200 采用一种国际标准尺寸 2.44 m×2.44 m×6.1 m 的容器式发射装置，此装置可容纳 15 架无人机。

（6）垂直起飞

垂直起飞方式有以下两种类型：

① 旋翼垂直起飞。这种起飞方式的特点是以旋翼作为无人机的升力工具，旋转旋翼使无人机垂直起飞。由于这种起飞方式不受场地面积与地理条件的限制，所以使用范围较广。

② 固定翼垂直起飞。固定翼无人机垂直起飞有两种情况：

一种是飞机在起飞时，以垂直姿态安置在发射场上，由飞机尾支座支撑飞机，并在机上发动机作用下起飞。例如，美国的"金眼"系列无人机，它可依靠独特的发动机设计进行垂直起降，并在目标上空长时间悬停，监视和搜索敌方目标。它可作为舰载飞行装备，也可供事故救援部门使用，在事故地区上空监视和搜索。图 2－36 所示为"金眼－50"无人机的垂直安置姿态。

另一种是在机上配备垂直起飞用发动机，在该发动机推力作用下，飞机垂直起飞。例如美国格鲁门公司设计的 754 型无人机，机上装有两种发动机，一种是巡航用涡轮风扇发动机，它沿无人机纵轴方向安装在机下发动机短舱内；另一种是起飞（着陆）用涡轮喷气发动机，装于机身内重心处。发动机轴线相对于飞机垂直线前倾 20°，涡轮喷气发动机只在无人机起飞着陆阶段工作 30 s 左右，由它提供 85% 的垂直起飞升力，由涡轮风扇发动机提供 15% 的垂直起飞升力，在这两种发动机的作用下，飞机进行垂直起飞和着陆。

（7）投掷发射

这种发射方式最简单，由 1 人或 2 人操作，靠无人机自身动力起飞。投掷发射的无人机通常最大尺寸小于 3 m，发射重量多数小于 7 kg。例如，美国的"大乌鸦"无人机机长为 0.914 m，翼展为 1.4 m，作战质量 1.91 kg，采用人力投掷发射，电池动力，声信号特征小，任务续航时间为 1～1.5 h，飞行速度为 31.5～81.5 km/h，飞行高度为 30.5～152.4 m。图 2－37 所示为正在准备投掷发射的"大乌鸦"无人机。

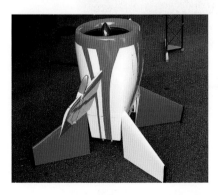

图 2－36　"金眼－50"无人机的垂直安置姿态

图 2－37　美国"大乌鸦"无人机投掷发射

**2. 无人机的回收方式**

无人机的回收方式主要包括伞降回收、空中回收、拦阻网回收、"天钩"回收、起落架滑跑着陆回收、垂直着陆回收和气垫着陆回收等类型。

(1) 伞降回收

伞降回收是国内外中小型无人机经常采用的方式之一。降落伞由主伞和减速伞(也称阻力伞)组成。其回收过程如下:

① 当无人机完成任务后,地面站给无人机发出遥控指令,使发动机慢车,飞机减速、降高;

② 到达合适的飞行高度和速度时,开减速伞,飞机急剧减速、降高,并将发动机停车;

③ 当无人机降到某飞行高度和速度时,回收控制系统发出信号,使主伞开伞,主伞由收紧充气状态逐渐打开,直到主伞完全充气;

④ 无人机悬挂在主伞下慢慢着陆,到达地面时机下触底开关接通,使主伞与无人机脱离。

图 2 - 38 所示为无人机的伞降回收过程。

伞降回收的缺点是:降落伞对无人机来说是一种载荷,且需要占据机身内有限的空间;由于无人机下降速度较快,在着陆瞬间,机体容易受到较强烈的冲击,造成损伤。如果在海上降落,则需要无人机具备防水能力,且打捞过程也比较麻烦,甚至可能需要借助专业的海上回收设备进行打捞。

为尽量减少无人机回收后的损伤,特别是为保护机载任务设备,有些无人机还在机体触地部位安装减震装置,例如,可采用充气袋或将机体着地部分设计成较脆弱的部件作为飞机接地时的减震装置。无人机回收的同时还要考虑到机体着地部位要尽可能远离任务设备舱。例如,英国的"不死鸟"无人机为避免损坏悬挂于机腹下的监视装置(见图 2 - 39),而采取"背部"着陆的方式,在回收开伞后机体翻转180°,机腹朝上,机背向下,机背的整流罩设计的比较脆弱,允许着地时被压扁,吸收接地时的撞击力,保护机腹的任务设备舱。

图 2 - 38 无人机的伞降回收

图 2 - 39 "不死鸟"无人机

(2) 空中回收

用直升机在空中回收无人机的方式目前只有美国使用过。采用这种回收方式的直升机上必须有空中回收系统,回收的无人机除了有阻力伞和主伞外,还需要有钩挂伞、吊索和可旋转的脱落机构。其回收过程如下：

①　地面站发出遥控指令,阻力伞开伞,同时使发动机停车;

②　当无人机在阻力伞作用下降到一定高度和一定速度时,回收控制系统发出开主伞的控制信号,打开钩挂伞和主伞;

③　当主伞完全充气后,此时的钩挂伞位置高于主伞位置,钩挂伞下面的吊索保证指向主伞前进的方向,在吊索上安装指示方向的风向旗,使直升机便于辨认和钩住钩挂伞;

④　直升机逆风进入,钩住无人机钩挂伞与吊索;

⑤　当无人机被钩住时,主伞自动脱离无人机,直升机用绞盘绞起无人机,空中悬挂运走。

图 2-40 所示为美国的"火蜂"Ⅱ无人机的空中回收过程。这种回收方式不会损伤无人机,但是在回收时要求有人机驾驶员有较高的驾驶技术,而且受天气与风力的影响,加上伞的性能无法实现估计,因此其回收可靠性较低。

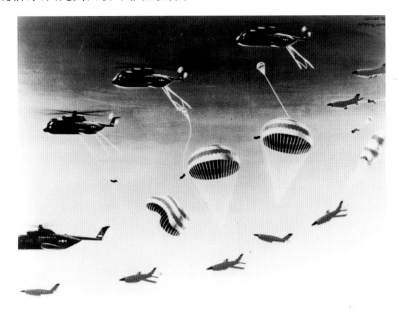

**图 2-40　直升机回收"火蜂"Ⅱ无人机的过程**

(3) 拦阻网回收和"天钩"回收

用拦阻网系统回收无人机是目前小型无人机普遍采用的回收方式之一。拦阻网系统通常由拦阻网、能量吸收装置和自动引导设备组成。能量吸收装置与拦阻网相连,其作用是吸收无人机撞网的能量,免得无人机触网后在网上弹跳不停,以致损伤。自动引导设备一般是一台布置于网后的摄像机,或是装在拦阻网架上的红外接收机,由它们及时地向地面站报告无人机返航路线的偏差。

当无人机返航时,地面控制站控制无人机以小角度下滑,最大速度不得超过 120 km/h,操纵人员通过监视器监视无人机的飞行,并根据地面摄像机拍摄的图像,或红外接收机接收到的无人机信号,确定返航路线的偏差,然后半自动地控制无人机,修正飞行路线,使之对准地面摄像机的瞄准线,飞向拦阻网。无人机触网时的过载通常不能大于 6 g,以免拦阻网受到较大损坏。图 2-41 所示为拦阻网回收无人机的过程。

**图 2 - 41　无人机拦阻网回收**

　　"天钩"回收和拦阻网回收功能相似,回收时控制无人机飞向绳索,利用无人机翼尖的挂钩钩住绳索实现回收。美国的"扫描鹰"无人机便采用了此种回收方式,如图 2 - 42 所示。

**图 2 - 42　"扫描鹰"无人机的"天钩"回收**

　　(4) 起落架滑跑着陆回收

　　起落架滑跑着陆回收方式与有人飞机相似,但它对跑道要求不像有人飞机那么苛刻,而且有些无人机的起落架局部被设计成较脆弱的结构,允许着陆时撞地损坏,吸收能量。为了缩短滑跑距离,有些无人机在机尾安装了尾钩,在着陆滑跑时,尾钩钩住地面拦阻绳,可以大大缩短着陆滑跑距离。图 2-43 所示为安装了尾钩的以色列"先锋"无人机。

**图 2-43　"先锋"无人机**

（5）垂直着陆回收

垂直着陆回收方式需要的回收场地面积小,因此不受回收区地形条件限制,特别受到军方青睐。旋翼无人机的垂直着陆主要靠旋翼旋转产生的升力使无人机缓慢垂直下降;而固定翼无人机的垂直着陆,则需要用发动机的推力来抵消重力,如前面所述的"金眼-50"无人机就采用的这种方式垂直着陆。

（6）气垫着陆回收

气囊着陆可以单独作为一种着陆方式使用,也可以配合降落伞使用。这种方式不需要起落架,只需要在无人机的机腹加装一个气囊,发动机把空气压入气囊,压缩空气从气囊下部的孔喷出,在机腹下形成高压空气区——气垫。气垫能够支承无人机贴近地面,而不与地面发生猛烈撞击。

气垫着陆的优点是无人机能在未经平整的地面、泥地、冰雪地或水上着陆,不受地形条件限制;其缺点是结构比较复杂,需要增设一套专门的增压充气系统和气垫装置,因此起落装置的质量较大。图 2-44 所示为俄罗斯研发的气垫无人机模型。

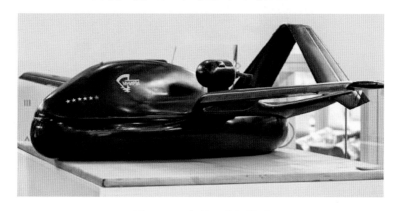

**图 2-44　气垫无人机模型**

除了以上回收方式外,有些无人机采用非整机回收,这种情况通常仅回收任务设备舱,不回收飞机其他部分。还有些小型无人机在回收时不用回收工具,而是靠机体某些部位(如机身腹部)直接触地回收,采用这种简单回收方式的无人机通常是质量小于 10 kg,最大特征尺寸在 3.5 m 以下的飞机。相比于起飞,无人机回收是一个更为复杂、也更容易出现问题的阶段,能否安全着陆已经成为评价无人机性能的一项重要指标。

# 习　题

2-1　无人机系统由哪些部分组成?

2-2　无人机飞行平台有哪些类型?各有什么特点?

2-3　无人机动力装置有哪些类型?各适用于什么类型的飞机?

2-4　无人机的控制方式有哪几种?各自的控制原理是什么?

2-5　无人机有哪些导航方法?各有什么特点?

2-6　无人机的电气系统由哪些部分组成?

2-7　无人机任务载荷通常包括哪些种类?布置任务载荷时需要注意哪些问题?

2-8　无人机数据链路包括哪些设备?它的作用是什么?

2-9　地面控制站的作用是什么?

2-10　无人机的发射方式有哪些?各有何特点?

2-11　无人机的回收方式有哪些?各有何特点?

# 第 3 章 飞行原理

本章介绍飞行器飞行过程中的一些基本理论,对于有人驾驶飞行和无人机飞行均适用。

## 3.1 飞行环境

飞行环境对飞行器的结构、材料、机载设备和飞行性能都有着非常重要的影响。大气环境是航空器唯一的飞行环境,大气环境中的空气密度、温度、压强和天气等因素对飞行器的飞行影响很大,甚至关系到飞行器飞行的安全。

### 3.1.1 大气分布及特点

大气在地球引力的作用下聚集在地球周围,大气层总质量的 90% 都集中在距地球表面 15 km 高度以内,总质量的 99.9% 集中在距地球表面 50 km 高度以内。在 2 000 km 高度以上,大气极其稀薄,并逐渐向行星际空间过渡。大气层没有明显的上限,它的各种特性沿铅垂方向变化很大,例如在距地球表面 10 km 高度,压强约为海平面压强的 1/4,空气密度只相当于海平面空气密度的 1/3。

根据大气状态参数随高度的变化,可将大气层划分为对流层、平流层、中间层、热层和散逸层 5 个层次,航空器的飞行环境主要是对流层和平流层。各层的大气分布及特点如图 3 - 1 所示。

**1. 对流层**

大气中最低的一层为对流层,其上界随地球纬度、季节的不同而变化。就纬度而言,对流层上界在赤道地区平均为 16~18 km;在中纬度地区平均为 9~12 km;在南北极地区平均为 7~8 km。

由于对流层大气热量主要来自于地面辐射,因此,对流层的主要气象特点为:气温随高度升高而降低;风向、风速经常变化;空气上下对流剧烈;有云、雨、雾、雪等天气现象。对流层是天气变化最复杂的一层,飞行中所遇到的各种天气变化几乎都出现在这一层中。在飞机飞行过程中,当气温很低同时空气湿度又较大时,还可能会引起飞机表面结冰,使气动外形发生变化,从而导致飞机空气动力特性恶化,甚至引起飞行事故。因此,在飞机飞行之前要事先了解天气情况,确保飞机飞行安全。

**2. 平流层**

平流层位于对流层的上面,其顶界距地球表面约 50 km。在平流层大气主要是水平方向的流动,没有垂直对流,空气沿铅垂方向的运动较弱,因而气流比较平稳,能见度较好。平流层的气温受地面影响很小,但在 30 km 以上,平流层中的臭氧层会大量吸收太阳紫外线而使气温迅速升高。因此,随着高度的增加,平流层起初气温基本保持不变(约为 −56 ℃),到距地球表面 30 km 左右,气温升高较快,到了平流层顶界,气温升至 5 ℃ 左右。

**3. 中间层**

中间层为离地球表面 50~85 km 的一层。中间层的热量主要来自于平流层,而且几乎没

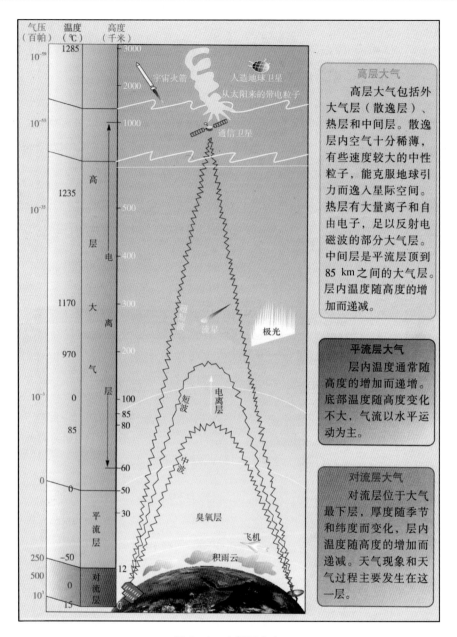

图 3-1 大气层分布

有臭氧吸收太阳紫外线。在这一层内，气温随高度升高而下降，当高度升到 80 km 左右时气温降到 -100 ℃ 左右。

**4. 热　层**

从中间层顶界到距地球表面 800 km 之间的一层称为热层。在此层内，空气密度极小，由于空气直接受到太阳短波辐射，空气处于高度电离状态，温度又随高度增高而上升。

**5. 散逸层**

热层顶界以上为散逸层，它是地球大气的最外层。在此层内，空气极其稀薄，又远离地面，受地球引力很小，因而大气分子不断地向星际空间逃逸。这层内的大气质量只是整个大气质

量的 $10^{-11}$。大气外层的顶界约为距地球表面 2 000～3 000 km 的高度。

## 3.1.2 大气的主要气象要素

表示大气状态的物理量和物理现象统称为气象要素。气温、气压、空气湿度等物理量和风、云、降雨、大雾等天气现象都是气象要素,它们都在一定程度上反映了当时的大气状况,其中气温、气压和空气湿度被称为三大气象要素。气象要素随时间和空间而变化,其观测记录是天气预报、气候分析以及与大气科学有关的科学研究的基础资料。本节仅介绍最常用的气温、气压、湿度、风四个主要气象要素。

### 1. 气 温

空气温度(简称气温)是表示空气冷热程度的物理量,它是分子平均动能大小的宏观表现,也是分子运动快慢的量度。一般来说,气温越高,空气分子不规则运动的平均动能越大,分子不规则运动的速度也越大。

气温常用三种温标来度量,即摄氏温标(℃)、华氏温标(℉)和绝对温标(K)。

(1)摄氏温标

我国采用的是摄氏温标,用℃或 C 表示,常用符号 $t$ 表示温度值大小。摄氏温标以 1 个标准大气压(1 013.25 hPa)下纯水的冰点为零点(0 ℃),以纯水的沸点为 100 ℃,其间分为 100 等份,每 1 等份即为 1 ℃。

(2)绝对温标

国际通用的是绝对温标,用 K 表示,常用符号 $T$ 表示温度值大小。这是理论研究上常用的温标,该温标的零度(称为绝对零度)规定为摄氏 $-273.16$ ℃。因此,绝对温标与摄氏温标间的转换关系为

$$T = 273.16 + t \approx 273 + t \tag{3-1}$$

(3)华氏温标

美国常用的是华氏温标,用℉表示。华氏温标将 1 个标准大气压下水的沸点定为 212 ℉,水的冰点定为 32 ℉,并将这两点之间分成 180 等份,每 1 等份表示 1 ℉。因此,华氏温标与摄氏温标之间的关系为

$$F = \frac{9}{5}t + 32 \tag{3-2}$$

### 2. 气 压

气象上的气压就是指大气的压强,静止大气中某地的气压是该地单位面积上大气柱的重量。当空气有垂直加速运动时,气压值与单位面积上空气柱的重量之间有一定差异,但一般空气的垂直加速很小,可将其看作是静止大气。目前常用的气压单位有帕斯卡(Pascal)和毫米水银柱高度(mmHg)。

帕斯卡一种是国际单位,其缩写为帕或 Pa。1 帕等于 1 m² 面积上受到 1 牛顿(N)的压力,即

$$1\ Pa = 1\ N/m^2 \tag{3-3}$$

为方便起见,气象上常采用百帕(hPa)来表示气压,即

$$1\ hPa = 100\ Pa \tag{3-4}$$

1 个标准大气压等于 760 mmHg。因此,它与百帕(hPa)的关系为

$$1\ hPa = 0.76\ mmHg \tag{3-5}$$

航空上常用的几种气压有本站气压、修正海平面气压、场面气压和标准海平面气压。

（1）本站气压

本站气压是指气象台气压表直接测得的气压。由于各测站所处地理位置及海拔高度不同，本站气压常有较大差异。

（2）修正海平面气压

修正海平面气压是由本站气压推算到同一地点海平面高度上的气压值，运用修正海平面气压便于分析和研究气压水平分布情况。海拔高度大于 1 500 m 的测站不推算修正海平面气压，因为推算出的海平面气压误差可能会过大。

（3）场面气压

场面气压是指场面着陆区最高点的气压，场面气压也是由本站气压推算出来的。飞机起降时为了准确掌握其相对跑道的高度，需要知道场面气压。

（4）标准海平面气压

标准海平面气压是大气处于标准状态下的海平面气压，其值为 1 013.25 hPa 或 760 mmHg。海平面气压是经常变化的，而标准海平面气压是一个常数。

由于飞机飞行时经常会采用气压式高度表测量飞机的飞行高度，因此，气压测量的准确与否直接关系到测得的飞行高度的准确性。

气压式高度表是飞机的主要航行仪表，它是一个高度灵敏的空盒气压表，但刻度盘上标注的是高度。高度表刻度盘是标准大气压条件下按气压随高度的变化规律而确定的，即气压式高度表所测量的是气压，根据标准大气中气压与高度的关系，就可以表示出高度。

图 3-2 所示的高度表有三根指针，分别表示数字的万、千、百读数（单位为英尺）。高度表右侧有一个小窗，里面数字 29.9 称为高度表拨正值，在不同的大气条件下，通过调整左下侧的旋钮可把相应的海平面气压修正到标准大气条件下。这样，飞机在机场地面时，高度表应当显示机场海拔高度（场高）。高度表拨正值应当按照由空中交通管制席位的要求或航图要求及时调整，图 3-2 所示的高度表显示的当前高度为 10 180 ft[①]。

还可采用无线电高度表测量飞机飞行时的高度，无线电高度表所测量的是飞机相对于所飞越地区地表的垂直距离，无线电高度表能不断地指示飞机相对于所飞越地表的高度，其对地形的变化非常敏感，这既是它的优点，也是它的缺点。如果在地形多变的地区上空飞行，飞行员试图按无线电高度表保持规定的飞行高度，则飞机航迹将随地形起伏。另外，如果在云上或有限能见度条件下飞行，将无法判断飞行高度的变化，这是由于飞行条件受破坏造成的，还是由于地形影响引起的？这样就使无线电高度表的使用受到限制，因而它主要用于校正仪表和在复杂气象条件下着陆使用。图 3-3 所示为飞机上用的无线电高度表。

**3. 湿　度**

空气湿度是用来度量空气中水汽含量多少或者空气干燥潮湿程度的物理量。湿度常用相对湿度来表示。

相对湿度是指空气中的实际水汽压占同温度下的饱和水汽压的百分比。相对湿度的大小直接反映了空气距离水汽饱和状态的程度。空气完全干燥时，相对湿度为零，当相对湿度接近

---

① 1 ft = 0.304 8 m。

图 3-2　气压式高度表

图 3-3　无线电高度表

100％时,表示空气很潮湿,越接近于饱和状态。

当空气中水汽含量不变且气压一定时,气温降低到使空气达到水汽饱和时的温度,称为露点温度,简称露点。露点温度的单位是 K 或℃,常用 $T_d$ 表示,但是其数值只与湿空气的含水量有关,而与温度无关。

气象工作中,经常用温度和露点之差($t-T_d$)来判断空气的饱和程度,也即相对湿度的大小。当 $t-T_d>0$ 时,表示空气未饱和;当 $t-T_d=0$ 时,表示空气达到饱和;当 $t-T_d<0$ 时,表示过饱和。$t-T_d$ 的值愈大,说明空气的相对湿度愈小;反之,则相对湿度愈大。

空气的湿度和露点对飞机飞行中的积冰有很大影响。飞机的积冰一般发生在云中温度露点差<7 ℃的范围内,以 0～5 ℃发生积冰最多;强积冰多发生在温度露点差为 0～4 ℃的范围内。

**4. 风**

风是空气流动形成的一种自然现象。风是一个矢量,有风向与风速之分。

风向是指风的来向,一般用 16 个方位或度数来表示,如图 3-4 所示。以度数表示时,由北起按顺时针方向度量,如北风为 0°,东风为 90°,南风为 180°,西风为 270°。

风速是空气在单位时间内移动的水平距离,以米/秒(m/s)为单位。大气中水平风速一般为 1～10 m/s,台风、龙卷风的网速有时可达 102 m/s。表 3-1 所列为风力等级。

表 3-1　风力等级表

| 风级 | 名称 | 风速/(m·s⁻¹) | 风速/(km·h⁻¹) | 陆地地面物象 | 海面波浪 | 浪高/m | 最高/m |
|---|---|---|---|---|---|---|---|
| 0 | 无风 | 0.0～0.2 | <1 | 静,烟直上 | 平静 | 0.0 | 0.0 |
| 1 | 软风 | 0.3～1.5 | 1～5 | 烟示风向 | 微波峰无人沫 | 0.1 | 0.1 |
| 2 | 轻风 | 1.6～3.3 | 6～11 | 感觉有风 | 小波峰未破碎 | 0.2 | 0.3 |
| 3 | 微风 | 3.4～5.4 | 12～19 | 旌旗展开 | 小波峰顶破裂 | 0.6 | 1.0 |
| 4 | 和风 | 5.5～7.9 | 20～28 | 吹起尘土 | 小浪白沫波峰 | 1.0 | 1.5 |
| 5 | 劲风 | 8.0～10.7 | 29～38 | 小树摇摆 | 中浪折沫峰群 | 2.0 | 2.5 |
| 6 | 强风 | 10.8～13.8 | 39～49 | 电线有声 | 大浪白沫离峰 | 3.0 | 4.0 |

续表 3－1

| 风级 | 名　称 | 风速/(m·s⁻¹) | 风速/(km·h⁻¹) | 陆地地面物象 | 海面波浪 | 浪高/m | 最高/m |
|---|---|---|---|---|---|---|---|
| 7 | 疾风 | 13.9～17.1 | 50～61 | 步行困难 | 破峰白沫成条 | 4.0 | 5.5 |
| 8 | 大风 | 17.2～20.7 | 62～74 | 折毁树枝 | 浪长高有浪花 | 5.5 | 7.5 |
| 9 | 烈风 | 20.8～24.4 | 75～88 | 小损房屋 | 浪峰倒卷 | 7.0 | 10.0 |
| 10 | 狂风 | 24.5～28.4 | 89～102 | 拔起树木 | 海浪翻滚咆哮 | 9.0 | 12.5 |
| 11 | 暴风 | 28.5～32.6 | 103～117 | 损毁重大 | 波峰全呈飞沫 | 11.5 | 16.0 |
| 12 | 飓风 | ＞32.6 | ＞117 | 摧毁极大 | 海浪滔天 | 14.0 | — |

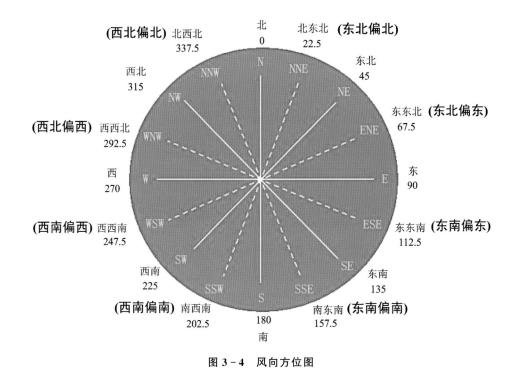

图 3－4　风向方位图

### 3.1.3　大气的特性

**1．大气的状态参数和状态方程**

大气的状态参数是指它的压强 $p$、温度 $T$ 和密度 $\rho$ 这三个参数。对一定数量的气体，压强 $p$、温度 $T$ 和密度 $\rho$ 这三个参数就可以决定它的状态。它们之间的关系，可以用气体状态方程表示，即

$$p = \rho R T \tag{3-6}$$

式中，$T$ 为大气的绝对温度，K；$R$ 为大气气体常数，其值为 287.05 J/(kg·K)。

大气的状态参数是随飞行高度的变化而变化的，它们不仅对作用在飞机上的空气动力的大小有影响，而且对飞机喷气发动机产生的推力大小也有很大的影响。

一般来说，气温越高、气压越低、空气密度越小，则机翼产生的升力越小，起飞滑跑的距离越长。例如，空气密度减小 10%，滑跑距离要延长 20%；如果某飞机在 0 ℃时起飞滑跑的距离

是 1 500 m，而在气温 30 ℃时就需要滑跑 2 000 m。

　　大气密度对飞机飞行性能的影响也很大，当大气密度大于标准大气密度时，飞机飞行时产生的空气动力会增加，发动机产生的推力也会增大，因此，会使飞机的飞行性能变好，飞机的起飞和着陆距离也会缩短。当大气密度低于标准大气密度时，情况正好相反。因此，在进行起降操作时应充分考虑大气的状态参数对飞行的影响。

　　大气物理状态是随其所在地理位置、季节和高度而变化的。为了准确描述飞机的飞行性能，就必须建立一个统一的标准，即标准大气。目前我国采用的是国际标准大气，它是由国际性组织（如国际民用航空组织、国际标准化组织）颁布的一种"模式大气"。它依据实测资料，用简化方程近似地表示大气温度、密度和压强等参数的平均铅垂分布，并排列成表，形成国际标准大气表（见表 3－2）。应当注意，各地的实际大气参数与国际标准大气之间是存在差别的。国际标准大气所得的数据与地球北纬 36°～60°（主要是欧洲）地区的平均数值相近，与我国的情况有一定的差距。

　　国际标准大气有如下规定：大气被看成完全气体，服从气体的状态方程。在海平面上，大气的标准状态为：气温为 15 ℃，压强为一个标准大气压，密度为 225 kg/m³，声速为 341 m/s。根据这些规定，通过理论计算，即可以确定不同高度的大气物理状态参数。

表 3－2　"国际标准大气"表（部分数据）

| 高度/m | 压力/Pa | 气温/K | 空气相对密度 | 空气密度/(kg·m⁻³) | 声速/(m·s⁻¹) |
|---|---|---|---|---|---|
| −1 000 | 113 937 | 294.50 | 1.099 2 | 1.346 5 | 345 |
| 0 | 101 325 | 288.15 | 1.000 0 | 1.225 0　　1.111 7 | 341 |
| 1 000 | 89 876 | 281.65 | 0.907 3 | 1.006 6 | 337 |
| 2 000 | 79 501 | 275.15 | 0.821 5 | 0.909 2 | 333 |
| 3 000 | 70 121 | 268.66 | 0.742 0 | 0.819 4 | 329 |
| 4 000 | 61 660 | 262.17 | 0.668 5 | 0.736 4 | 325 |
| 5 000 | 54 048 | 255.68 | 0.600 7 | 0.660 1 | 321 |
| 6 000 | 47 217 | 249.19 | 0.538 3 | 0.590 0 | 317 |
| 7 000 | 41 105 | 242.70 | 0.481 0 | 0.525 8 | 313 |
| 8 000 | 35 651 | 236.22 | 0.428 4 | 0.467 1 | 309 |
| 9 000 | 30 800 | 229.73 | 0.380 4 | 0.413 5 | 304 |
| 10 000 | 26 499 | 223.25 | 0.336 6 | 0.364 8 | 300 |
| 11 000 | 22 699 | 216.77 | 0.296 8 | 0.311 9 | 296 |
| 12 000 | 19 339 | 216.65 | 0.253 5 | 0.266 6 | 296 |
| 13 000 | 16 579 | 216.65 | 0.216 5 | 0.227 9 | 296 |
| 14 000 | 14 170 | 216.65 | 0.184 9 | 0.194 8 | 296 |
| 15 000 | 12 111 | 216.65 | 0.157 9 | 0.166 5 | 296 |
| 16 000 | 10 352 | 216.65 | 0.134 9 | 0.142 3 | 296 |
| 17 000 | 8 849.7 | 216.65 | 0.115 3 | 0.121 7 | 296 |
| 18 000 | 7 565.2 | 216.65 | 0.098 4 | 0.104 0 | 296 |
| 19 000 | 6 467.4 | 216.65 | 0.084 1 | 0.088 9 | 296 |

| 高度/m | 压力/Pa | 气温/K | 空气相对密度 | 空气密度/(kg·m$^{-3}$) | 声速/(m·s$^{-1}$) |
|---|---|---|---|---|---|
| 20 000 | 5 529.3 | 216.65 | 0.072 0 | 0.075 7 | 296 |
| 21 000 | 4 728.9 | 217.58 | 0.061 4 | 0.064 5 | 296 |
| 22 000 | 4 047.5 | 218.57 | 0.052 3 | 0.055 0 | 296 |
| 23 000 | 3 466.8 | 219.57 | 0.044 7 | 0.046 9 | 297 |
| 24 000 | 2 971.7 | 220.56 | 0.038 2 | 0.040 1 | 298 |
| 25 000 | 2 549.2 | 221.55 | 0.032 6 | 0.034 3 | 299 |
| 26 000 | 2 188.3 | 222.54 | 0.027 5 | 0.029 3 | 299 |
| 27 000 | 1 879.9 | 223.54 | 0.023 3 | 0.025 1 | 300 |
| 28 000 | 1 616.1 | 224.53 | 0.019 8 | 0.021 5 | 301 |
| 29 000 | 1 390.4 | 225.52 | 0.016 8 | 0.018 4 | 301 |
| 30 000 | 1 197.0 | 226.51 | 0.014 4 | | 302 |

**2. 大气的连续性**

大气是由大量分子组成的,在标准大气状态下,每 1 mm$^3$ 的空间里含有 $2.7 \times 10^{16}$ 个分子,每个分子都有自己的位置、速度和能量。在气体中,分子之间的联系十分微弱,以致于它们的形状仅仅取决于盛装容器的形状(充满该容器),而没有自己固有的外形。当飞行器在这种空气介质中运动时,由于飞行器的外形尺寸远远大于气体分子的自由行程(一个空气分子经一次碰撞后到下一次碰撞前平均走过的距离),故在研究飞行器和大气之间的相对运动时,气体分子之间的距离完全可以忽略不计,即可把气体看成是连续的介质。这就是在空气动力学研究中常说的连续性假设。

**3. 黏 性**

大气的黏性主要是气体分子做不规则运动的结果,是空气在流动过程中表现出的一种物理性质。当大气层与层之间的流动速度不同时,相邻大气层之间的分子就会相互侵入,并产生相互牵扯的作用力,这种力就是大气的黏性力,也称为大气的内摩擦力,即大气相邻流动层与层之间出现滑动时产生的摩擦力。

大气流过物体时产生的摩擦阻力与大气的黏性有关。由于空气的黏性很小,故物体在空气中低速运动时其摩擦力很小,黏性的作用也不明显。但当飞机在大气中飞行速度较大时,黏性的作用就不得不考虑。尤其是当飞机的飞行速度达到 3 倍声速以上时,由于摩擦力的作用,空气将对飞行器产生严重的气动加热,导致飞行器结构的温度急剧上升,因此,必须得采用相应的防热和隔热措施。图 3 - 5 所示为飞机高速飞行时产生的气动加热现象。

**4. 可压缩性**

气体的可压缩性是指当气体的压强改变时其密度和体积改变的性质。不同状态的物质可压缩性也不同。液体对这种变化的反应很小,因此一般认为液体是不可压缩的;而气体对这种变化的反应很大,所以一般来讲气体是可压缩的物质。

当大气流过飞行器表面时,由于飞行器对大气的压缩作用,大气压强会发生变化,密度也会随之发生变化。当气流的速度较小(一般速度小于 100 m/s 时),压强的变化量较小,其密度的变化也很小,因此,在研究大气低速流动的有关问题时,可以不考虑大气可压缩性的影响。

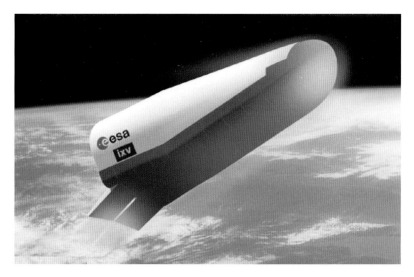

图 3 - 5　飞机高速飞行时的气动加热现象

但当大气流动的速度较高时,由于可压缩性的影响,使得大气以超声速流过飞行器表面时与低速流过飞行器表面时有很大的差别,比如,在超声速飞行时由于飞行器对大气的强烈压缩就会在飞行器上产生激波,使飞机的飞行阻力急剧增加(见图 3 - 6),此时就必须要考虑大气的可压缩性。

图 3 - 6　飞机高速飞行时产生的激波

空气的可压缩性与空气的密度和施加于空气的压力有关。空气的密度越大,则空气越难压缩;施加于空气的压力越大,则空气被压缩的程度也越大。由于空气的密度与声速有某种对应关系,密度大声速也大,密度小声速也小,因此空气密度可以用声速来衡量。施加于空气的压力与在空气中运动的物体的速度有关,运动速度越大,则施加给空气的压力就越大;速度越小,则施加给空气的压力就越小。

**5．马赫数**

在衡量空气的被压缩程度时,可以用物体的运动速度和声速的比值来表示,这个比值称为马赫数(Mach Number),通常用 $Ma$ 来表示,即

$$Ma = \frac{v}{a} \tag{3-7}$$

式中,$v$ 表示在一定高度上飞行器的飞行速度;$a$ 则表示该处的声速。

显然,飞行器飞行速度越大,$Ma$ 就越大,飞行器前面的空气就压缩得越厉害。因此,$Ma$ 的大小可作为判断空气受到压缩程度的指标。

根据 $Ma$ 的大小,可以把飞行器的飞行速度划分为如下区域,它们的对应关系如表 3-3 所列。

表 3-3 飞行马赫数和飞行速度范围的对应关系

| 马赫数大小 | 飞行速度范围 |
| --- | --- |
| $Ma \leqslant 0.4$ | 低速飞行 |
| $0.4 < Ma \leqslant 0.85$ | 亚声速飞行 |
| $0.85 < Ma \leqslant 1.3$ | 跨声速飞行 |
| $1.3 < Ma \leqslant 5.0$ | 超声速飞行 |
| $Ma > 5.0$ | 高超声速飞行 |

### 3.1.4 影响飞行的气象因素

直接影响无人机操作和飞行安全的航空气象因素大致可归纳为风、云、降水、浓雾及其他由气象变化导致的严重影响飞行安全的天气现象,如乱流、雷暴引发的下击暴流、低空风切变、浓雾引起的低能见度等。

下面介绍这些航空气象因素的特点及其对无人机操作和飞行安全造成的影响。

**1．地面风**

风是由太阳辐射热引起的。太阳光照射在地球表面上,使地表温度升高,地表的空气受热膨胀变轻而上升。热空气上升后,低温的冷空气横向流入,上升的空气因逐渐冷却变重而降落。由于地表温度较高,因此,又会加热空气使之上升,这种空气的流动就产生了风。图 3-7 所示为由于城区和郊区温度不同而形成风的过程。

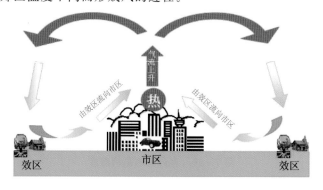

图 3-7 城市风的形成

　　形成风的直接原因是水平气压梯度力。而气压的变化,有些是风暴引起的,有些是地表受热不均引起的,有些是在一定的水平区域上,大气分子被迫从气压相对较高的地带流向低气压地带引起的。风受大气环流、地形、水域等不同因素的综合影响,表现形式多种多样,如季风、地方性的海陆风、山谷风、焚风等。图 3-8 所示为由于白天和夜晚温度的不同形成的海陆风。

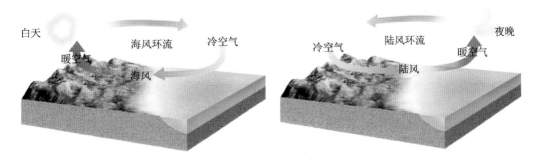

**图 3-8　海陆风形成示意图**

　　当有地面风时,飞行员和管制员可以根据地面风来选择跑道方向,同时飞行员也可根据地面风来计算飞机起飞时可承受的重量。风会影响飞机起飞和着陆时的滑跑距离和时间。

　　飞机一般都逆风起降,因为逆风能获得较大的升力和阻力,缩短滑跑距离,也可以增加飞机的载重,并增大飞机运动开始时的稳定性和操纵性。着陆时逆风便于修改航向,对准跑道,减少对地的冲击力。

　　另一方面,飞机着陆时还需要考虑飞机允许的最大跑道侧风,当超过跑道侧风最大限制时,飞机降落就会有危险。风速的变化会影响飞机起降阶段的稳定性,一般而言,重型飞机受风的变化影响较小,可在较大侧风下起飞;轻型飞机受风的变化影响较大,如果起飞降落阶段碰到阵风时,应及时进行控制。图 3-9 所示为侧风着陆时导致的飞机危险着陆的情况。

**图 3-9　飞机侧风着陆**

**2. 高空风**

　　高空风是指地面上空各高度的空气水平运动,空气水平运动的大小即为风速。在飞机飞行过程中,风速是影响飞机飞行速度和飞行时间的很重要的因素。例如,飞机在从甲地飞往乙地的过程中,若逆风飞行,其所花费的时间比在静风中飞行时的时间要长,因此需要携带更多的燃油,这样就要相对减少飞机载重。相反,若顺风飞行,则可节省飞行时间和燃油,即可增大飞机载重。

### 3. 下击暴流

下击暴流是指在雷暴云天气中形成的局部性强下沉气流,到达地面后会产生一股直线型大风,越接近地面风速会越大。下击暴流在接近地面时,空气向四方冲泻,当飞机起飞时进入下击暴流区,首先遭遇到下击暴流所带来的强大逆风,空气冲向机翼,飞机相对速度增加,使飞机快速爬升;当飞机随后继续通过下击暴流区正下方时,受下击暴流向下的冲击,飞机又急剧下降;最后飞机飞出下击暴流时又转变为强大的顺风,空速减弱,升力大幅度减少,因而造成飞机起飞时坠毁的惨剧。图 3-10 所示为飞机在下击暴流下的飞行轨迹。

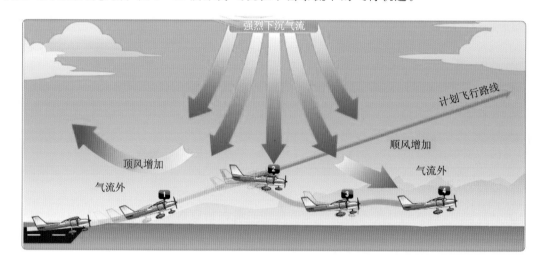

**图 3-10 飞机在下击暴流下的飞行轨迹**

下击暴流对飞机飞行的影响很大,是飞机飞行须极力避免的灾害性天气之一。下击暴流到达地面后产生的直线风向四面八方扩散时,会引起风场急速转变而产生风切变。

### 4. 低空风切变

风切变是指风速矢量或其分量沿垂直方向或某一水平方向的变化。风切变反映了所研究的两点之间风速和风向的变化。在航空气象学中,低空风切变通常是指近地面 600 m 以下的风切变。

低空风切变的形成需要一定的天气背景和环境条件。雷暴、积雨云、龙卷风等天气有较强的对流,能形成强烈的垂直风切变;强下击暴流到达地面后向四周扩散的阵风,也能形成强烈的水平风切变。

根据飞机的运动相对于风矢量的不同运动情况,风切变可分为顺风切变、逆风切变、侧风切变和垂直风切变几种情况。低空风切变对飞机的起飞和着陆有很大的影响,严重时甚至可能引发事故。低空风切变对飞机起飞和着陆造成的主要影响有改变飞机航迹、影响飞机的稳定性和操作性、使飞机超越跑道降落,甚至造成飞机失速坠毁等。图 3-11 所示为飞机受风切变的影响改变航迹冲出跑道的过程。

① 顺风切变:顺着飞机飞行方向顺风增大或逆风减小,以及飞机从逆风区进入无风或顺

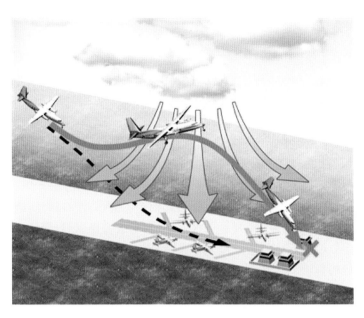

**图 3 - 11  飞机受风切变的影响冲出跑道**

风区。顺风切变使飞机空速减小,升力下降,飞机下沉,是比较危险的一种低空风切变。此时的修正动作是加油门带杆,使飞机增速,减小下降率,回到下滑线上后再稳杆收油门,重新建立下滑姿态。但如果顺风切变的高度很低,操作员来不及修正,将会造成大的偏差。

② 逆风切变:顺着飞机飞行方向逆风增大或顺风减小,以及飞机从顺风区进入无风或逆风区。逆风切变使飞机空速增加,升力增加,飞机上升,其飞行危害比顺风切变轻些。此时的修正动作是收油门松杆,使飞机减速,增加下降率,回到下滑线上后再加油门带杆,使飞机重新建立下滑姿态。图 3 - 12 所示为顺风切变和逆风切变对飞行的影响。

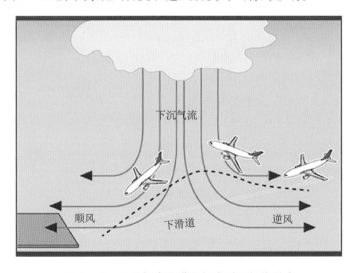

**图 3 - 12  顺风切变和逆风切变对飞行的影响**

③ 侧风切变:飞机从一种侧风或无侧风状态进入另一种明显不同的侧风状态。侧风切变可使飞机发生侧滑、滚转或偏航。此时,操作员应根据飞机状态对飞机进行相应的操纵。

④ 垂直风切变:是指垂直于地表方向上的风速或风向随高度发生剧烈变化,强烈的垂直风切变可造成桥梁或楼房坍塌、飞机坠毁等恶性事故。当飞机在着陆过程中遇到升降气流时,飞机的升力会发生明显变化,从而使下降率发生变化。垂直风对飞机着陆危害巨大,飞机在雷暴云下进近着陆时常遇到严重的下降气流,对于这种情况,操作员能做的就是复飞,然后再寻找机会重新着陆。

### 5. 云对飞行的影响

云是在飞行中经常碰到的会给飞行活动带来影响的一种气象条件。其主要影响是云中的过冷水滴会使飞机积冰,云中湍流会造成飞机颠簸,云的明暗不均容易使飞行员产生错觉,云中的雷电会损坏飞机,而且云底很低的云会影响飞机的起飞和降落等。

飞机在云中飞行遇到湍流产生颠簸时,会使飞机上下抛掷,左右摇晃,造成操纵困难,仪表不准。颠簸强烈时,即使飞行员全力操纵飞机,仍会暂时失去操纵;当颠簸特别严重时,产生的较大过载可能会造成飞机解体,严重危及飞行安全。

### 6. 雷暴对飞行的影响

雷暴是一种极具危险性的天气现象。雷暴会产生对飞机危害很大的电闪雷击和冰雹袭击;雷暴产生的风切变和湍流会使飞机颠簸、性能降低,强降雨使飞机气动性能变差、发动机熄火。雷暴发生时,闪电还会对地面的导航和通信设备造成干扰与破坏。虽然现在飞机性能、机载设备、地面导航设施都越来越先进,但这只是为尽早发现雷暴、顺利避开雷暴提供了更有利的条件。到目前为止,还不能完全消除雷暴对飞行的影响。图 3-13 所示为在强雷暴天气降落时遭遇雷击而坠毁的飞机。

**图 3-13 遭遇雷击而坠毁的飞机**

### 7. 飞机结冰

飞机在含有过冷却水滴的云或雨中飞行时,如果飞机机体的表面温度低于零度,过冷却水滴撞在机体上就会立即冻结累积起来,这种现象叫做飞机结冰。飞机结冰程度主要取决于云层温度、液态水含量、水滴直径和云层范围(水平长度与垂直高度)几个气象参数。飞机结冰的温度一般发生在 $-20 \sim 0$ ℃ 范围内,尤其在 $-10 \sim -2$ ℃ 温度范围内结冰的概率最高。飞机积冰与温度之间的关系如图 3-14 所示。

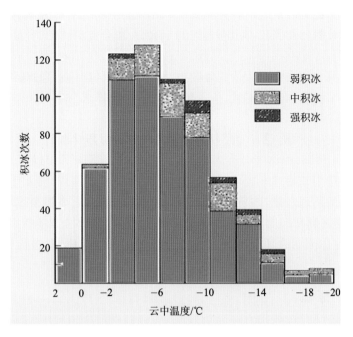

**图 3 - 14　飞机积冰与温度之间的关系**

结冰对飞行性能会产生很大影响,严重时会导致坠机事故发生。主要体现在机翼、尾翼前缘结冰会使翼型改变、升力降低,破坏操纵性能(见图 3 - 15);进气道前缘结冰则会导致进气不畅,影响发动机推力,如果冰层碎裂,冰块吸入发动机还可能打坏发动机(见图 3 - 16);螺旋桨桨叶结冰会造成螺旋桨转动失去平衡,产生振动和摆动现象;空速管或天线结冰会影响仪表的指示,甚至使无线电及雷达信号失灵;飞机操纵面、刹车及起落架结冰,会影响其正常操纵功能。

**图 3 - 15　飞机机翼结冰**

**图 3 - 16　飞机进气道结冰**

虽然现今飞机本身已有加温系统,可克服上述飞机结冰的问题,但是飞机仍然需要避开结冰区域以防止加温不及而瞬间结冰,造成危险。

**8. 浓雾与低能见度对飞行的影响**

浓雾降低了人类眼睛所能看到的距离,飞行员(无人机操作手)在低能见度情况下,起降时很难看清跑道,因此为起飞和着陆带来严重的影响。

恶劣的能见度严重威胁飞机起飞和着陆的安全,也会给目视飞行造成困难。飞机着陆时,要靠目视跑道标志和跑道灯来定向和判断高度,如果能见度不高,目视有困难,起飞和着陆就会有危险。尽管现代机场和飞机都装有先进的导航、着陆设备,但能见度对飞行的影响仍不能低估。

无人机飞行前要密切关注相关的气象数据,航空气象单位所提供的观测和预报数据,要满足无人机飞行的各个阶段(起飞、巡航、执行任务和降落)的需求。

# 3.2　流体流动的基本规律

流体在流动过程中其物理参数(如速度、压力、温度和密度等)都会发生变化,它们的变化过程必须遵循基本的物理定律,如质量守恒定律、能量守恒定律、牛顿第二和第三定律等。对于气体来说,气流流过物体时其物理量的变化规律与作用在物体上的空气动力有密切的关系,因此,本节将介绍流体流动的基本规律,以解释空气动力的产生机理,进而说明飞机上产生空气动力的原因。

## 3.2.1　相对运动原理

重于空气的飞机,是靠飞机与空气作相对运动时所产生的空气动力,克服自身的重力而升空的。当空气相对于飞机流动时,就会对飞机产生力,这个力就是"空气动力"。空气和飞机之间没有相对运动速度,在飞机上就不会产生空气动力。

飞机上产生的空气动力的大小与飞机和空气之间的相对运动速度的大小有很大关系。在实际飞行中,飞机上产生的空气动力是飞机在空气中以一定速度运动的结果。但在实验研究和理论分析中,往往采用让飞机静止不动,而让空气以相同的速度沿相反的方向流过飞机表面,此时在飞机上产生的空气动力效果与飞机以同样的速度在空气中飞行所产生的空气动力效果完全一样,这就是飞行的"相对运动原理"。

例如,飞机以 $v_1 = 700$ km/h 的速度在静止的空气中飞行(见图 3-17(a)),或者气流以 $v_2 = 700$ km/h 的速度从相反的方向流过静止的飞机(见图 3-17(b)),二者的相对速度都是700 km/h。在这两种情况下,在飞机上产生的空气动力完全相等。因此,可以把以上两种运动情况看成是等效的。

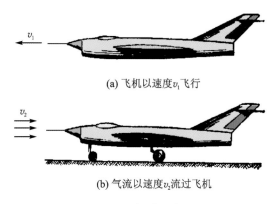

(a) 飞机以速度$v_1$飞行

(b) 气流以速度$v_2$流过飞机

图 3-17　相对运动原理

在以下章节的理论分析中,都运用相对运动原理来分析飞机上所产生的空气动力及气流的变化规律。目前,相对运动原理已被航空、航天以及航海和交通运输等部门广泛采用。

## 3.2.2　连续性定理

我们来做一个实验,让流体稳定地、连续不断地流过一个粗细不等的变截面管道(见图 3 - 18),会发现当流体流过变截面管道时,流体的流速与截面面积成反比,也就是说,在截面面积大的地方流速会变小($A$—$A$ 截面),在截面面积小的地方流速会提高($B$—$B$ 截面),这就是连续性定理所描述的主要内容。

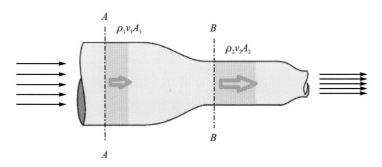

**图 3 - 18　流体在变截面管道中的流动**

连续性定理是根据质量守恒定律得出的,也就是说,为了保证流体在管道中连续稳定地流动,在同一时间内流过管道任一截面的流体质量都应相等。截面变小,流速必须加快;截面变大,流速必须减小。这种参数间的变化可以用连续性方程来表示,即

$$\rho_1 v_1 A_1 = \rho_2 v_2 A_2 = \cdots = 常数 \tag{3-8}$$

式中,$\rho$ 为流体的密度,$kg/m^3$;$v$ 为流体的流动速度,$m/s$;$A$ 为所取截面的面积,$m^2$;$\rho_1 v_1 A_1$ 为单位时间内流过截面 $A$—$A$ 的流体质量;$\rho_2 v_2 A_2$ 为单位时间内流过截面 $B$—$B$ 的流体质量。

也许你有这样的体验,当你从一个空旷的地方走到两栋高楼之间时,你会发现风突然增大了很多,其实这就是连续性定理的具体体现。

## 3.2.3　伯努利定理

由图 3 - 19 所示的实验可以看出,在流管较粗的地方,流速度较小,压强较大(见图 3 - 19 中的①处);在流管较细的地方,流速度较大,压强较小(见图 3 - 19 中的②处)。这种压强和流速之间的变化关系就是伯努利定理的基本内容。

伯努利定理是能量守恒定律在流体流动中的应用,它所反映的流速和压强之间的关系可以用伯努利方程来描述,即

$$p + \frac{1}{2}\rho v^2 = 常数 \tag{3-9}$$

式中,$p$ 代表流体的静压(静压是指流体在流动过程中流体本身实际具有的压力),$\frac{1}{2}\rho v^2$ 代表动压(流体以速度 $v$ 流动时由流速产生的附加压力),$\rho$ 为流体的密度,$v$ 为流体的速度。

由连续性定理和伯努利定理可知,流体在变截面管道中流动时,凡是截面积小的地方,流速就大,压强就小;凡是截面积大的地方,流速就小,压强就大。

连续性方程和伯努利定理是分析和研究飞机上空气动力产生的物理原因及其变化规律的基本定理,是后面各节分析的基础。

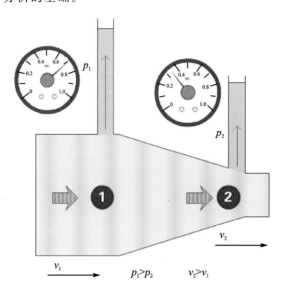

图 3 - 19　流体速度和压强之间的关系

# 3.3　升力的产生及增升措施

飞机能在天空中翱翔的最基本条件是,当它在空中飞行时必须产生一种能克服飞机自身重力并将它托举在空中的力,这个力就是升力。升力主要是由飞机的机翼产生的。

## 3.3.1　翼型和迎角

为了分析飞机机翼产生升力的原理,需要先了解两个基本概念。

**1. 翼　型**

翼型是指机翼的剖面形状,即用沿平行于飞机对称平面的切平面切割机翼,所得到的剖面即为翼型,如图 3 - 20 所示。

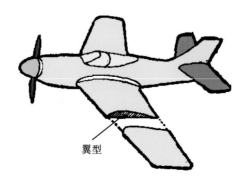

图 3 - 20　机翼的翼型

机翼的翼型对飞机升力的大小有重要的影响,具有不同翼型的飞机产生的升力差别很大,图 3 - 21 所示为常见的翼型种类。

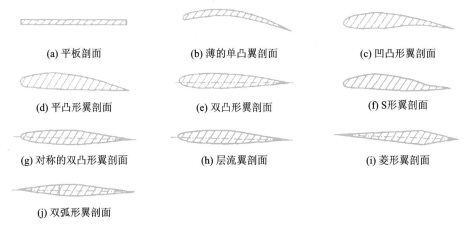

| (a) 平板剖面 | (b) 薄的单凸翼剖面 | (c) 凹凸形翼剖面 |
| (d) 平凸形翼剖面 | (e) 双凸形翼剖面 | (f) S形翼剖面 |
| (g) 对称的双凸形翼剖面 | (h) 层流翼剖面 | (i) 菱形翼剖面 |
| (j) 双弧形翼剖面 | | |

**图 3 - 21　翼型的种类**

**2. 迎　角**

飞机通常会以一定的飞行迎角进行飞行,起飞降落时迎角较大,巡航时迎角较小。迎角是翼型的翼弦与相对气流速度 $v$ 之间的夹角,如图 3 - 22 所示,迎角的大小对飞机的升力和阻力都有一定的影响。

**图 3 - 22　飞行迎角**

### 3.3.2　升力的产生

如果要想在机翼上产生空气动力,必须让它与空气有相对运动,或者说必须要有具有一定速度的气流流过机翼。为了能更清楚地观察气流沿机翼的流动情况,用一个翼型作为研究对象,观察气流沿翼型上下表面的流动状况。

现在将一个上表面鼓凸,下表面较平坦的翼型放在气流 $v$ 中。假设翼型有一个不大的迎角,当气流流到翼型的前缘时,气流分成上下两股分别流经翼型的上下翼面。由于翼型的作用,当气流流过上翼面时流动通道变窄,气流速度增大,压强降低,并低于前方气流的大气压;而气流流过下翼面时,由于翼型前端上仰,气流受到阻拦,且流动通道扩大,气流速度减小,压强增大,并高于前方气流的大气压。因此,在上下翼面之间就形成了一个压强差,从而产生了一个向上的升力 $Y$,如图 3 - 23 所示。

机翼上产生的升力大小与翼型的形状和迎角都有关系,迎角不同产生的升力也不同。一般来说,随着迎角的增大,升力也会随之增大,但当迎角增大到一定程度时,气流就会在机翼的

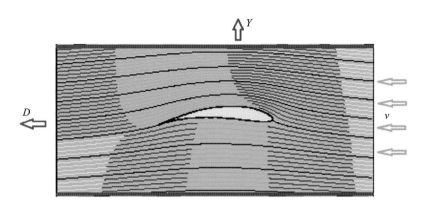

**图 3 - 23　升力的产生**

上表面开始分离,尾部会出现很大的涡流区,这时升力会突然下降,这种现象称为"失速",如图 3 - 24 所示。失速刚刚出现时的迎角叫做临界迎角。飞机不应以接近或大于临界迎角的状态飞行,因为此时会使飞机产生失速,甚至造成飞行事故。

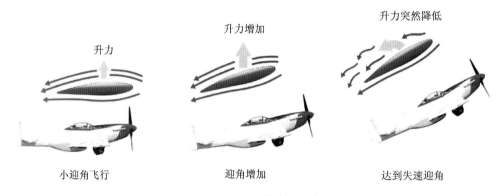

**图 3 - 24　飞机的失速现象**

### 3.3.3　影响飞机升力的因素

在设计飞机时,应尽量使飞机的升力大而阻力小,这样才能获得比较好的飞行性能。那么怎样才能提高飞机的升力呢? 要解决这个问题,首先得了解影响升力的因素有哪些。

**1. 空气密度**

升力的大小和空气密度 $\rho$ 成正比,密度越大,则升力也越大,当空气很稀薄时,机翼上产生的升力也就很小了。

**2. 机翼面积**

飞机的升力主要由机翼产生,而机翼的升力又是由于机翼上下翼面的压强差产生的,因此,如果压强差所作用的机翼面积越大,则产生的升力也就越大。机翼所产生的升力与机翼面积成正比。

**3. 相对速度**

相对速度是指空气和飞机的相对速度。相对速度越大,产生的空气动力就越大,机翼上产生的升力也就越大。升力与相对速度的平方成正比。

#### 4. 机翼剖面形状和迎角

机翼的剖面形状和迎角不同,则产生的升力也不同。因为不同的剖面和不同的迎角,会使机翼周围的气流流动状态(包括流速和压强等)发生变化,因而导致升力的改变。早期的飞机,由于人们没有认识到翼型的作用,曾采用平板和弯板翼型。后来,随着理论研究和实践研究的不断深入,人们已经认识到翼型的重要性和它对升力所起的作用,因此,创造了很多适合于各种不同需要的翼型,并通过实验确定出各种不同翼型的空气动力特性,这些翼型可以在空气动力学相关手册中查到。

### 3.3.4　增升装置

设计飞机时,主要以飞机作高速飞行或巡航飞行时的性能作为它的设计状态。当飞机高速飞行或巡航飞行时,即使迎角很小,由于速度较大,因此仍能保证有足够的升力来维持飞机的水平飞行。但在低速飞行时,尤其是在起飞或着陆时,由于速度较低,即使有较大的迎角,升力仍然较小,使飞机不能正常飞行。况且,迎角的增大是有限度的,超过临界迎角后就会产生失速现象,给飞行造成危险。因此,需要采用增升装置,使飞机在尽可能小的速度下产生足够的升力,提高飞机的起飞和着陆性能。

飞机的增升装置通常安装在机翼的前缘和后缘部位,安装在机翼前缘的增升装置叫做前缘缝翼,安装在机翼后缘的增升装置叫做后缘襟翼(简称襟翼)。图 3 - 25 所示为机翼前缘缝翼和后缘襟翼在机翼上的安装位置。

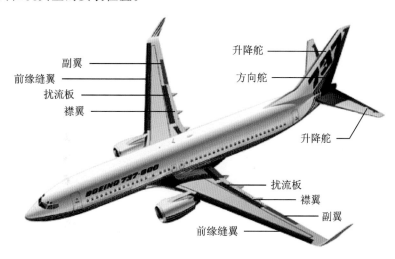

**图 3 - 25　增升装置在机翼上的安装位置**

后缘襟翼是应用最广泛的增升装置。图 3 - 26 所示为三种典型的后缘襟翼。

图 3 - 26(a)所示为简单襟翼,它是靠增大翼型弯度来增大升力的。当襟翼放下时,翼剖面变得更弯,因此增大了上翼面的气流速度,提高了升力,但同时阻力也随之增大,而且比升力增大的还要多,故增升效果不佳。

图 3 - 26(b)所示为富勒襟翼,当襟翼打开后增大了机翼面积,因此可以增大升力。

图 3 - 26(c)所示为开缝襟翼,当襟翼打开时,它的前缘和机翼后缘之间形成一条缝隙。这种襟翼不但增加了机翼弯度,而且由于开缝的作用,使下翼面的高压气流在开缝处以高速流

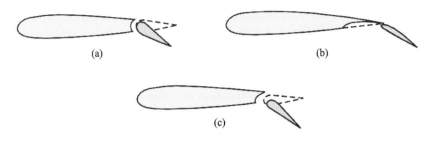

**图 3 - 26　三种典型的后缘襟翼**

向上翼面,并带动上翼面附面层中的气流速度增大,延缓了上翼面的气流分离,起到了增升作用。

虽然增升装置的类型很多,但其增升原理不外乎以下几种方式:

① 改变机翼剖面形状,增大机翼弯度。

② 增大机翼面积。

③ 改变气流的流动状态,延缓上翼面的气流分离。

# 3.4　阻力的产生及减阻措施

飞机飞行时,不但在机翼上会产生升力,也会产生阻力。除了机翼产生的阻力外,飞机的其他部件,如机身、尾翼、起落架等也会产生阻力,机翼阻力只是飞机总阻力的一部分。低速飞机上的阻力按其产生的原因不同可分为摩擦阻力、压差阻力、诱导阻力和干扰阻力,当飞机进入跨声速之后,还会产生激波阻力。

## 3.4.1　摩擦阻力

摩擦阻力是由于大气的黏性而产生的。当气流以一定速度 $v$ 流过飞机表面时,由于空气的黏性作用,空气微团与飞机表面发生摩擦,阻滞了气流的流动,因此产生了摩擦阻力。

摩擦阻力的大小取决于空气的黏性、飞机表面的状况、附面层中气流的流动情况和同气流接触的飞机表面积的大小。空气的黏性越大,飞机表面越粗糙,飞机的表面积越大,则摩擦阻力越大。为了减小摩擦阻力,应在这些方面采取必要的措施。

## 3.4.2　压差阻力

压差阻力是由于流过物体的气流在物体的前后存在压力差而造成的。压差阻力与物体的迎风面积有很大关系,物体的迎风面积越大,压差阻力也越大。

物体的形状对压差阻力也有很大影响。如图 3 - 27 所示,如果球体产生的压差阻力为中等阻力的话,则流线形的机翼产生的阻力相对来说会小很多,而直立的平板产生的阻力就很大。

因此,为了减小飞机的压差阻力,应尽量减小飞机的最大迎风面积,并对飞机的各部件进行整流,做成流线形。

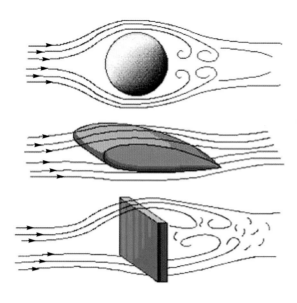

**图 3 - 27　物体形状对压差阻力的影响**

### 3.4.3　诱导阻力

诱导阻力是伴随着升力而产生的,如果没有升力,诱导阻力也就等于零。因此,这个由升力诱导而产生的阻力叫做诱导阻力,又叫做升致阻力。

飞机的诱导阻力主要来自翼面,当飞机飞行时,下表面压强大,上表面压强小,由于机翼翼展的长度有限,因此,下表面的气流就力图绕过翼尖流向上表面,这样在翼尖处就不断形成旋涡,随着飞机向前飞行,旋涡就从翼尖向后流去,形成向后流动的漩涡,从而产生诱导阻力。如图 3 - 28(a)所示为飞机飞行过程中产生的翼尖涡,图 3 - 28(b)所示为翼尖涡的流动方向。

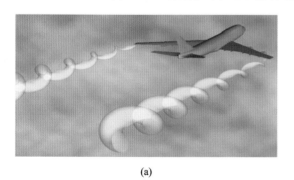

(a)

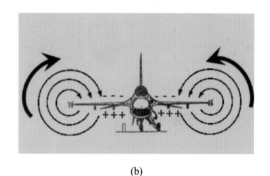

(b)

**图 3 - 28　气流绕翼尖的流动情况**

诱导阻力与机翼的平面形状、剖面形状、展弦比等有关,可以通过增大展弦比,选择适当的平面形状(如椭圆形的机翼平面形状),增加翼梢小翼等措施来减小诱导阻力。现代飞机通常通过在翼尖处设计翼梢小翼来减小诱导阻力,如图 3 - 29 所示为采用翼梢小翼削弱翼尖旋涡的示意图。

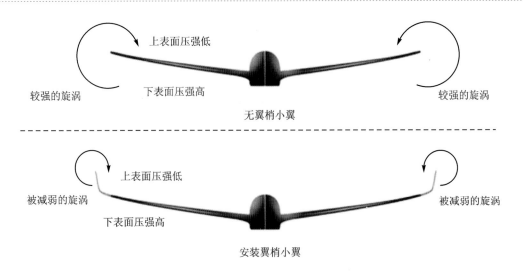

上表面压强低

较强的旋涡　　下表面压强高　　较强的旋涡

无翼梢小翼

上表面压强低

被减弱的旋涡　　　　　　　被减弱的旋涡

下表面压强高

安装翼梢小翼

图 3-29　翼梢小翼的作用

### 3.4.4　干扰阻力

飞机的各个部件,如机身、机翼和尾翼等,单独放在气流中所产生的阻力总和并不等于它们组合在一起所产生的阻力,而往往是后者大于前者。所谓干扰阻力就是飞机各部件组合到一起后由于气流的相互干扰而产生的一种额外阻力。

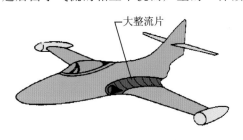

图 3-30　干扰阻力的产生

如图 3-30 所示的飞机,当把机翼和机身组合到一起时,机身和机翼之间就形成了一个先收缩后扩张的通道。根据连续性定理和伯努利方程,气流在流动过程中的压强就会由小变大,因此,导致后边的气流有往前回流的趋势,并形成一股逆流。这股逆流与不断由通道流过来的气流相遇,产生很多的旋涡。这些旋涡表明气流流动的动能有了消耗,因而产生了一种额外的阻力。这一阻力是由气流的相互干扰产生的,因此叫做干扰阻力。

干扰阻力和飞机不同部件之间的相对位置有关,因此,在设计时要妥善地考虑和安排各部件的相对位置,必要时在这些部件之间加装流线形的整流片,使连接处圆滑过渡,尽量减小旋涡的产生。

## 3.5　作用在飞机上的力

### 3.5.1　飞机上的空气动力

飞机在空气中运动或者当空气流过飞机表面时,就会在飞机上产生空气动力。以机翼为例,当气流流过机翼时,就会在机翼上产生空气动力 $R$,一般情况,这个力是向上并向后倾斜的。根据其所起的作用,可将其分解为垂直于相对气流方向和平行于相对气流方向的两个分力。垂直于相对气流方向的力就是升力,通常用 $Y$ 表示;平行于相对气流方向(其方向与飞机运动方向相反)阻碍飞机前进的力叫做阻力,可用 D 表示,如图 3 - 31 所示。飞机各部分所受到的空气动力的总和称为作用在飞机上的总的空气动力。

### 3.5.2　水平直线飞行受力

为了克服飞机飞行过程中的飞行阻力,就需要发动机产生向前的推力,使飞机以一定的速度向前飞行,从而产生足够的升力,使飞机克服自身的重量并能在空中持续飞行。当飞机在空中飞行时,若飞机的升力等于重力,发动机推力等于飞行阻力,则飞机将沿水平直线方向维持稳定的平衡飞行状态,此时飞机的受力如图 3 - 32 所示。在保证升力等于重力的前提下,如果发动机的推力大于飞行阻力,则飞机将持续水平加速飞行;如果推力小于阻力,则飞机将沿水平方向减速飞行。

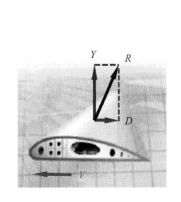

图 3 - 31　作用在机翼上的空气动力

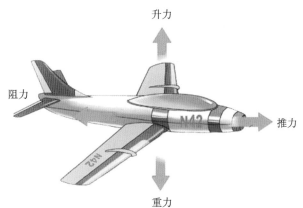

图 3 - 32　作用在飞机上的力

### 3.5.3　爬升受力

飞机在爬升飞行时,需要操纵升降舵使飞机抬头,并使迎角增大,升力增加,此时的升力大于飞机的重力,飞机开始爬升。当爬升稳定后,升力沿垂直方向的分量将等于飞机的重量,飞机将沿一定航迹稳定地向上爬升,如图 3 - 33 所示。由于爬升时飞机的重力不仅有向下的分

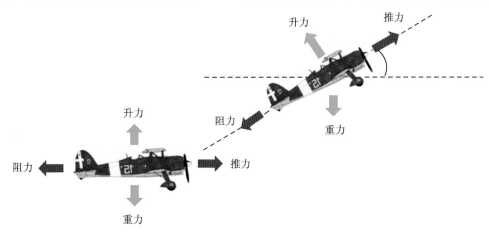

图 3 - 33　飞机爬升时的受力

量,还在阻力方向有一个向后的分量,因此,从开始爬升到稳定阶段,如果爬升时发动机推力(功率)不变,飞机的飞行速度一般会降低。如果要保持和平飞时相同的爬升速度,就需要额外地增加发动机的推力。增加的推力(功率)大小与爬升角度有很大关系,如果爬升航迹很陡峭,此时如果可用推力(功率)不足,空速就会降低。

### 3.5.4 下降受力

和爬升一样,飞机从平直飞行状态进入下降状态,也需要操纵升降舵面,此时飞机低头,迎角减小,升力降低,飞机开始下降。当升力沿垂直方向的分量等于飞机的重量时,飞机将沿一定航迹稳定地下降,如图 3-34 所示。从开始下降到稳定状态,空速通常会增加,这是因为重力沿航迹向前方向会有一个分量,其效果就相当于增加了飞行的动力,从而使空速增加。如果要保持下降时的空速和平飞时的相同,就需要减小发动机的推力,减小的推力大小由下降角度的大小来确定。

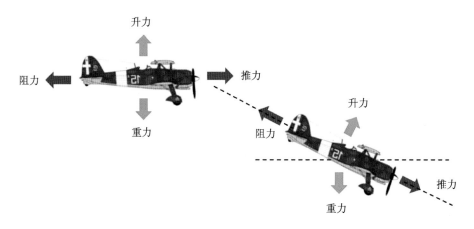

**图 3-34 飞机下降时的受力**

### 3.5.5 转弯受力

飞机水平直线飞行时,其升力是垂直向上的。当飞机转弯时,飞机需要倾斜一定的角度,此时升力的方向是向上和向内(朝向转弯的中心方向)作用的,如图 3-35 所示。

转弯时的升力被分解为两个分量,垂直升力分量用于平衡飞机的重力,水平升力分量(也叫做向心力)则指向转弯的中心,这个力把飞机从直线航迹拉到转弯航迹上。飞机转弯时的离心力与向心力大小相等,方向相反,如图 3-36 所示。

对于给定的空速,飞机转弯的快慢取决于升力水平分量(向心力)的大小,而升力的水平分量与飞机的倾斜角度成正比。因此,对于给定的空速,转弯的速度可以通过调整倾斜角度来控制。在进行恒定高度转弯时,为了维持飞机的高度,升力的垂直分量应该等于飞机的重量。升力的垂直分量会随飞机倾斜角度的增加而降低,因此,需要相应地增大迎角来产生足够的升力以平衡飞机的重力。

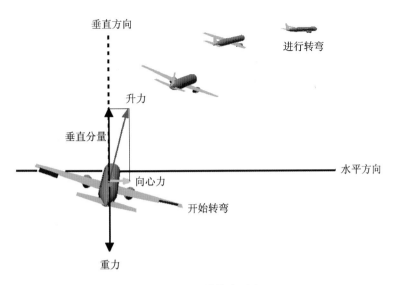

**图 3 - 35　飞机的转弯过程**

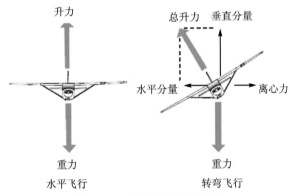

**图 3 - 36　飞机转弯时的受力**

## 3.6　地面效应

地面效应亦称为翼地效应或翼面效应,是一种使飞机诱导阻力减小,同时能获得比空中飞行更高升阻比的流体力学效应。

当运动的飞机贴近地面或水面飞行时,气流流过机翼后会向后下方流动,这时地面或者水面将产生一股反作用力,当飞机在距离水面等于或小于 1/2 翼展的高度上飞行时,整个机体的上下压力差增大,升力会陡然增加。飞机在近地飞行中产生的翼地效应,可以有效地阻止翼尖涡流的下洗,从而减小了诱导阻力,因此,对飞行来说是有利的。图 3 - 37 所示为我国海上商用地效翼船"翔州一号"地面效应的产生过程示意图。

地面效应对飞机的飞行安全也有一定的影响。首先,飞机起飞时虽然感觉"飞机更容易从地面上拉起来",但此时飞机处于低速大迎角的范围,非常接近失速状态;当飞机爬升超过了地面效应的作用范围以后,翼尖涡流的下洗不再被阻挡,造成了相对气流的偏移,结果使迎角进一步增大,更接近于失速。此时飞机若未能加速到更安全的速度,将有可能失速,而此时的离

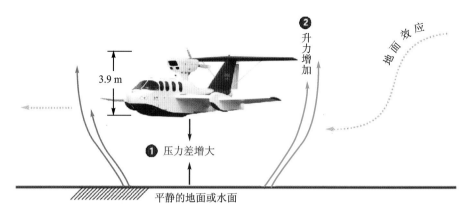

**图 3 - 37　飞行地面效应示意图**

地高将难以使飞机从失速中改出。其次,在飞机降落时,飞机会在近地因为获得地面效应的上扬力而突然上升,如果处理不当,飞机就会在减速时突然急速提升高度,其下落速度将非常接近失速速度,所以极易产生失速的状态。因此,地面效应对于飞机操作人员来说需要谨慎处理,否则可能会造成严重甚至致命的意外。

# 习　题

3 - 1　影响飞行的天气现象有哪些? 它们对飞行有哪些影响?

3 - 2　飞机飞行高度有哪些测量方法,各有何特点?

3 - 3　什么是飞行马赫数? 它与空气的压缩性有何关系?

3 - 4　什么是连续性定理? 它所反映的物理意义是什么?

3 - 5　什么是伯努利定理? 它所反映的物理意义是什么?

3 - 6　什么是翼型? 什么是迎角?

3 - 7　飞机产生升力的原理是什么? 有哪些增升措施?

3 - 8　飞机飞行中会产生哪些阻力? 有哪些减阻措施?

3 - 9　什么是作用在飞机上的空气动力? 飞机在转弯飞行中怎样受力?

3 - 10　什么是飞行的地面效应? 它对飞行有何影响?

# 第 4 章　无人机飞行性能

## 4.1　飞行性能指标

无人机的飞行性能是衡量一架无人机性能好坏的重要指标。无人机的飞行性能一般包括飞行速度、航程、升限、起飞着陆性能等。对于特殊用途的无人机,还需要根据具体的设计技术指标给出额外的性能参数。

### 4.1.1　飞行速度

在无人机的飞行性能中,飞行速度是最重要的性能之一。飞行速度包括最大平飞速度、最小平飞速度和巡航速度。

#### 1. 最大平飞速度

最大平飞速度是指无人机水平直线平衡飞行时,在一定的飞行距离内(一般应不小于3 km),发动机推力在最大状态下,无人机所能达到的最大飞行速度。它是一架无人机能飞多快的指标。要提高无人机的最大平飞速度,一是要通过采用先进的气动外形减小无人机的飞行阻力,另外还要进一步增加发动机的推力。图 4-1 所示为美国的“猎鹰 HTV-2”高超声速无人飞行器,它是美国军方研制的飞行速度最快的无人机,它最快能在大气层外围的亚太空轨道达到 20 倍声速的飞行速度。

图 4-1　“猎鹰 HTV-2”无人机

**2. 最小平飞速度**

最小平飞速度是指在一定高度上无人机能维持水平直线飞行的最小速度。最小平飞速度对无人机的起降性能及无人机进行低速飞行时的安全性有重要影响。无人机在起飞时的离地速度和在着陆时的接地速度都不能小于这个速度，否则就会出现失速。随着无人机飞行高度的增加，空气密度将减小，因此，最小平飞速度将增加。

**3. 巡航速度**

巡航速度是指发动机每千米消耗燃油量最小情况下的飞行速度。巡航速度显然要大于最小平飞速度，小于最大平飞速度。无人机以巡航速度飞行经济性最好。

## 4.1.2 航　程

航程是指在载油量一定的情况下，无人机以巡航速度（不进行空中加油）所能飞越的最远距离。它是一架无人机能飞多远的指标。提高航程的主要办法是减小发动机的燃油消耗率，增加无人机的最大升阻比。在无人机总重一定的情况下，减小结构重量，增加无人机载油量也可以增大航程。对于一些在空中执行侦察或探测等飞行任务的无人机，通常用续航时间来表征其飞行距离的长短。例如，无人机按续航时间可以分为正常航时无人机和长航时无人机，正常航时无人机续航时间一般小于 24 h，而长航时无人机续航时间一般要大于或等于 24 h。

## 4.1.3 升　限

升限是一架无人机能飞多高的指标。无人机的静升限是指无人机能作水平直线飞行的最大高度。无人机上升时，随着高度的增加，发动机推力将逐渐下降，当无人机达到某一高度时，发动机已不再有剩余功率来提高无人机的飞行高度，无人机只能在此高度维持水平飞行，这一高度称为理论静升限。在实际的飞行中为了使无人机具有较好的操控性，不会使无人机刚好处于临界高度上，一般取垂直上升速度为 5 m/s 时的最大高度为实用静升限。

无人机在实际飞行中还可以通过跃升的方法将无人机飞行的动能转化为势能，达到更高的高度，这个高度称为无人机的动升限。

静升限和动升限如图 4-2 所示。

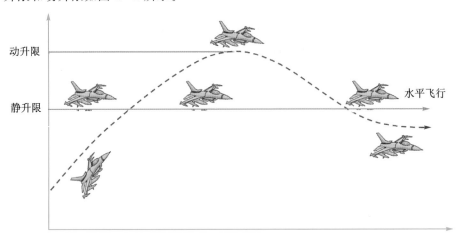

**图 4-2　静升限和动升限**

## 4.1.4　起飞着陆性能

无人机的起飞和着陆是两个重要的飞行状态,起飞着陆性能的好坏有时甚至会影响到无人机能否顺利完成正常的飞行任务。

无人机的起飞着陆性能指标可以概括为两部分:一是起飞和着陆距离;二是起飞离地和着陆接地速度。后者除了影响起飞和着陆距离外,还关系到无人机的起降安全。

**1. 无人机起飞过程**

无人机的起飞过程是一种加速飞行的过程,它包括地面加速滑跑阶段、离地、小角度爬升和爬升几个阶段。滑跑过程中推力需要克服无人机气动阻力和地面摩擦力,为了尽快获得足够的速度,油门要加到最大。随着速度和升力不断增大,当升力大于无人机重力时,无人机便会离地升空。无人机离地后,为了尽快提高速度,并保持无人机的稳定性和操纵性,需要保持一段小角度的上升。小角度上升后段,当速度增大到接近规定的上升速度时,即可进行柔和拉杆使迎角增大,进一步提高升力,使无人机转入等速直线上升阶段。图 4 - 3 所示为无人机起飞过程示意图。

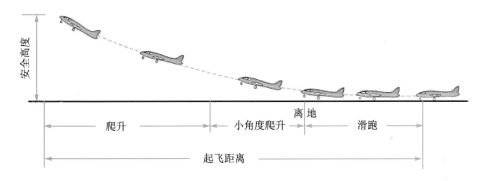

**图 4 - 3　无人机的起飞过程**

无人机的起飞距离越短越好。为了减小无人机的起飞距离,可以采用增升装置来增大升力;也可以通过增加推力来加速,如可以采用助推火箭增大推力,减少加速所需的时间。

**2. 无人机着陆过程**

无人机的着陆过程是一种减速飞行的过程,它包括下滑、拉平、平飞减速、飘落触地和着陆滑跑五个阶段。下滑的主要作用是降低飞行高度,同时使无人机对正着陆跑道,飞向预定地点,一般都稍带油门下滑。下滑到规定高度时,拉杆增大迎角,增大升力,使下滑角减小。迎角增大,无人机阻力随之增大;无人机做减速运动,高度也逐渐降低,将无人机拉平。在无人机平飞减速阶段,由于迎角较大、阻力较大,无人机的速度逐渐减小。无人机接地前,升力略小于重力,无人机开始缓慢飘落。随后无人机以较小的飞行速度和较小的下沉速度轻轻接地。无人机以两点接地后,此时,阻力和机轮与地面的摩擦力使无人机减速,随着速度减小,升力降低,机头自动下俯,前轮自动接地。为了缩短滑跑距离及增加地面摩擦力,前轮接地后可适当使用刹车。图 4 - 4 所示为无人机的着陆过程示意图。

无人机的着陆速度越小,着陆距离越短,着陆性能就越好,飞行安全性也越高。为了提高无人机的着陆性能,可以打开机翼上的扰流板来减小升力;还可以采用反向推力装置产生反向推力;也可以打开减速伞或阻力板或采用刹车来增加阻力。

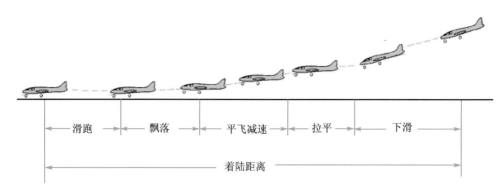

图 4-4 无人机的着陆过程

# 4.2 无人机的气动布局

不同类型、不同速度的无人机有不同的气动布局。无人机的气动布局,广义上讲是指无人机主要部件的数量以及它们之间的相互安排和配置。无人机的气动布局类型如图 4-5 所示。如果按机翼和机身连接的上下位置来分,可分为上单翼、中单翼和下单翼,如图 4-5(a)所示;如果按机翼弦平面有无上反角来分,可分为上反翼、无上反翼与下反翼三种类型,如图 4-5(b)所示;如果按立尾的数量来分,可分为单立尾、双立尾和无立尾式(无立尾时平尾变成 V 字形),如图 4-5(c)所示。通常所说的气动布局一般是指平尾相对于机翼在纵向位置上的安排,即无人机的纵向气动布局形式,一般包括正常式、鸭式和无平尾式,如图 4-5(d)所示。不同的布局形式,将对无人机的飞行性能、稳定性和操纵性有重要影响。

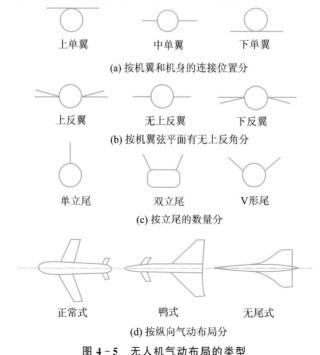

上单翼  中单翼  下单翼

(a) 按机翼和机身的连接位置分

上反翼  无上反翼  下反翼

(b) 按机翼弦平面有无上反角分

单立尾  双立尾  V形尾

(c) 按立尾的数量分

正常式  鸭式  无尾式

(d) 按纵向气动布局分

图 4-5 无人机气动布局的类型

### 4.2.1　机翼的布局

#### 1. 上单翼、中单翼和下单翼

在不同类型的无人机中,有的无人机机翼在机身上面,有的无人机机翼在机身下面,有的无人机机翼从机身中间穿过。上单翼和下单翼布局气动安定性较好,适合于对安定性要求较高的无人机,且上、下单翼机翼结构的贯穿性好,有利于提高结构效率。中单翼布局的气动干扰小,对提高飞行性能比较有利。图 4-6 所示为三种不同机翼与机身的位置关系。

(a) 上单翼布局

(b) 下单翼布局

(c) 中单翼布局

**图 4-6　上单翼、中单翼和下单翼无人机**

#### 2. 上反翼和下反翼

从无人机的前视图来看,机翼通常不是水平安装的,而是与水平面之间有一定的夹角,这个夹角被称之为机翼的上(下)反角。相对于水平面而言,翼尖高于翼根的机翼称为上反翼,此时上反角为正;翼尖低于翼根的机翼称为下反翼,此时上反角为负,称为下反角;翼尖和翼根平齐的机翼称为无上反翼。

上反翼的气动安定性较好,适用于对稳定性要求高的无人机,如图 4-7 所示。下反翼气动安定性不好,适用于对机动性要求高的无人机。

### 4.2.2　尾翼的布局

#### 1. 单立尾布局

单立尾布局是最为常见的一种尾翼布局形式。根据立尾相对于平尾的位置,尾翼又可以分为常规型尾翼和 T 形尾翼。

常规型尾翼:这种布局形式的尾翼,平尾在垂尾的下面,通常能够以最轻的结构重量,提供足够的稳定性和操纵性。这种布局形式在无人机上应用最为广泛,如图 4-8(a)所示。

T 形尾翼:这种布局形式的尾翼,平尾位于垂尾顶部,垂尾结构往往需要加强,因此要付出一定的重量代价,如图 4 – 8(b)所示。

图 4 – 7　具有上反角的无人机

(a) 常规型尾翼　　　　　　　　　　　　　　(b) T形尾翼

图 4 – 8　单立尾布局

**2. 双立尾布局**

双立尾布局通常包括常规双立尾布局和双尾撑立尾布局。常规双立尾布局是指在机身上装有两个立尾的布局形式,以增加航向安定性,如图 4 – 9(a)所示。双尾撑立尾布局是指在向后延伸的两个尾撑上安装两个立尾的布局形式,这种布局形式在无人机设计中也比较常见,如图 4 – 9(b)所示。

(a) 常规双立尾　　　　　　　　　　　　　　(b) 双尾撑立尾

图 4 – 9　双立尾布局

**3. V 形尾翼布局**

V 形尾翼具有较好的隐身性能和较小的干扰阻力,在无人机中广泛采用。V 形尾翼通常可以分为正 V 形尾翼(两片尾翼向上张开,见图 4 - 10(a))和倒 V 形尾翼(两片尾翼向下张开,见图 4 - 10(b))。

#### 4. 其他形式尾翼布局

此外,还有一些特殊布局形式的尾翼,如 Y 形尾翼(见图 4 - 10(c))、环形尾翼等。

(a) 正V形尾翼

(b) 倒V形尾翼

(c) Y形尾翼

**图 4 - 10　V 形尾翼布局**

### 4.2.3　纵向气动布局

根据机翼及平尾的有无及前后位置关系,通常可以将无人机分成常规气动布局、鸭式气动布局和无尾气动布局三种类型。

#### 1. 常规气动布局

常规气动布局(见图 4 - 11(a))的特点如下:产生升力的机翼在前,而起俯仰配平作用和俯仰操纵作用的水平尾翼在后。这种气动布局是迄今为止使用最多的一种布局形式,由于该布局技术非常成熟,纵向稳定性好,故在各种类型的无人机上广泛采用。

#### 2. 鸭式气动布局

鸭式气动布局(见图 4 - 11(b))的特点如下:产生主要升力的主翼(在鸭式气动布局中,机翼被称为主翼)在后,与平尾一样起纵向配平和操纵作用的鸭翼在前。这种气动布局具有失速特性和机动特性好等优点。

#### 3. 无尾气动布局

无尾气动布局(见图 4 - 11(c))的特点如下:只有产生升力的机翼,既没有平尾也没有鸭翼,甚至没有垂尾。这种气动布局的优点是阻力小、隐身性能好;缺点是稳定性不好,不适合布置增升装置。目前,无尾气动布局形式广泛应用于现代隐身无人机。

(a) 常规气动布局

(b) 鸭式气动布局

(c) 无尾气动布局

图 4-11　纵向气动布局

# 4.3　无人机的运动与操纵

无人机在空中往往需要不断改变飞行姿态,以完成各种飞行任务,这就需要对无人机进行操纵。无人机飞行操纵是指无人机通过飞行控制系统协调操纵各种舵面机构(如固定翼无人机的升降舵、方向舵和副翼)以改变其飞行状态的过程。通过偏转这些气动舵面就会对无人机产生操纵力矩,使其绕横轴、立轴和纵轴转动,从而改变无人机的飞行姿态。影响无人机操纵性的主要因素有总体布局、重心位置、飞行速度、飞行迎角等。

如图 4-12 所示,无人机绕横轴的运动为俯仰运动,绕纵轴的运动为滚转运动,绕立轴的运动为偏航运动。

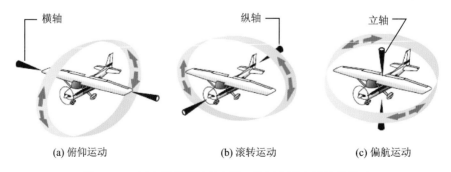
(a) 俯仰运动　　　　　　　(b) 滚转运动　　　　　　　(c) 偏航运动

图 4-12　无人机绕穿过重心的三根互相垂直的轴的运动

### 4.3.1　无人机的纵向操纵

在飞行过程中操纵升降舵,无人机就会绕着横轴转动,产生俯仰运动,升降舵便向上偏转,这时水平尾翼上的向下附加升力就产生使飞机抬头的力矩,使机头上仰,如图 4-13(a)所示;升降舵向下偏转,就会产生使飞机低头的力矩,使机头下俯,如图 4-13(b)所示。

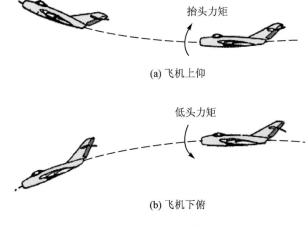

(a) 飞机上仰

(b) 飞机下俯

**图 4-13　俯仰运动**

### 4.3.2　无人机的横向操纵

在无人机飞行过程中,操纵副翼,无人机便绕着纵轴转动,产生滚转运动。左副翼向上偏转,右副翼向下偏转,这时左机翼升力减小,右机翼升力增大,则产生左滚的滚动力矩,使无人机向左滚转,如图 4-14 所示;反之,右副翼向上偏转,左副翼向下偏转,产生右滚的滚动力矩,无人机便向右滚转。

### 4.3.3　无人机的方向操纵

在无人机飞行过程中,操纵方向舵,无人机则绕立轴转动,产生偏航运动。方向舵向左偏转,在垂直尾翼上产生向右的附加侧力,此力使无人机产生向左的偏航力矩,使机头向左偏转,如图 4-15 所示;反之,方向舵向右偏转,无人机产生向右的偏航力矩,使机头向右偏转。

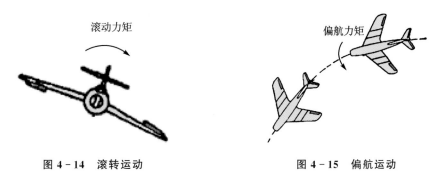

**图 4-14　滚转运动**　　　　　　　**图 4-15　偏航运动**

无人机的操纵机构及操纵方式与有人飞机相似,只不过操纵指令通过地面的遥控器或地面站发出,由位于机上的接收机接收,再通过电缆将指令传递给舵机,驱动舵面发生偏转。

# 4.4　无人机的稳定性

无人机在飞行过程中,经常会受到各种各样的干扰,这些干扰会使无人机偏离原来的平衡状态,而在干扰消失以后,无人机能否自动恢复到原来的平衡状态,这就涉及无人机的稳定或不稳定的问题。

无人机的稳定性是指在飞行过程中,如果无人机受到某种扰动(如阵风、发动机工作不均衡等)而偏离原来的平衡状态,在扰动消失以后,不需要通过飞行控制系统操纵,无人机就能自动恢复到原来平衡状态的特性。如果能恢复,则说明无人机是稳定的;如果不能恢复或者更加偏离原来的平衡状态,则说明无人机是不稳定的。

根据无人机绕机体轴运动形式的不同,无人机飞行时的稳定性可分为纵向稳定性、方向稳定性和横向稳定性。

## 4.4.1　无人机的纵向稳定性

当无人机受微小扰动而偏离原来纵向平衡状态(俯仰方向),并在扰动消失以后,无人机能自动恢复到原来纵向平衡状态的特性,叫做无人机的纵向稳定性。

在无人机飞行过程中,当迎角发生变化时,即发生 $\Delta\alpha$ 的角度变化时,在机翼和尾翼上都会产生一定的附加升力,这个附加升力的合力作用点称为无人机的焦点。当无人机受到扰动而机头上仰时,机翼和水平尾翼的迎角增大,产生一个向上附加升力 $\Delta Y$,如果无人机重心(CG)位于焦点位置的前面,则此向上的附加升力会对无人机产生一个下俯的稳定力矩 $M$(见图 4 - 16),使无人机趋向于恢复原来的飞行状态。反之,当无人机受扰动而机头下俯时,机翼和水平尾翼的迎角减小,会产生向下的附加升力,此附加升力对重心形成一个上仰的稳定力矩,也使无人机趋向于恢复原来的稳定状态。

无人机的纵向稳定性主要取决于无人机重心的位置,只有当无人机的重心位于焦点前面时,无人机才是纵向稳定的;如果无人机的重心位于焦点之后,根据前面的分析,无人机则是纵向不稳定的。

重心前移可以增加无人机的纵向静稳定性,但并不是静稳定性越大越好。例如,静稳定性过大,升降舵的操纵力矩就难以使无人机抬头。因此,重心前移使稳定性过大,会导致无人机的操纵性变差。

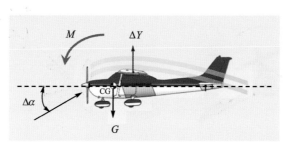

图 4 - 16　无人机重心位置与纵向稳定性之间的关系

无人机重心位置会随无人机载重的分布情况不同而发生变化。当重心位置后移时,将削弱无人机的纵向稳定性,因此在配置无人机载重时,应当注意妥善安排各项载重的位置,不使无人机重心后移过多,以保证重心位于所要求的范围内。

### 4.4.2　无人机的方向稳定性

无人机受到扰动以致方向平衡状态遭到破坏,而在扰动消失后,无人机如能趋向于恢复原来的平衡状态,则说明无人机具有方向稳定性。

无人机主要靠垂直尾翼的作用来保证方向稳定性。方向稳定力矩是在侧滑中产生的。无人机产生侧滑时,空气从无人机侧方吹来,这时相对气流方向和无人机对称面之间就有一个侧滑角 $\beta$。相对气流从左前方吹来叫做左侧滑;相对气流从右前方吹来叫做右侧滑。

无人机在飞行过程中受微小扰动,使机头右偏,出现左侧滑,空气从无人机的左前方吹来,并作用在垂直尾翼上,产生向右的附加侧向力 $\Delta Z$,$\Delta Z$ 距离无人机重心的力臂为 $l$,如图 $4-17$ 所示。在侧向力 $\Delta Z$ 的作用下相对于无人机重心形成一个方向稳定力矩 $M$,并力图使机头左偏,消除侧滑,使无人机趋向于恢复方向平衡状态,因此,无人机具有方向稳定性。

相反,无人机出现右侧滑时,就形成使无人机向右偏转的方向稳定力矩。由此可见,只要有侧滑,无人机就会产生方向稳定力矩,并使无人机消除侧滑恢复到原来的平衡状态。

**图 4 - 17　垂直尾翼与方向稳定性**

### 4.4.3　无人机的横侧向稳定性

无人机受扰动以致横侧向平衡状态遭到破坏,而在扰动消失后,如无人机自身产生一个恢复力矩,使无人机趋向于恢复原来的平衡状态,则说明无人机具有横侧向稳定性。在飞行过程中,使无人机自动恢复原来横侧向平衡状态的滚转力矩,主要是由机翼上反角、机翼后掠角和垂直尾翼的作用产生的。

一般来说,机翼的上反角和后掠角都可以增大无人机的横侧向稳定性。另外,垂直尾翼也能产生横侧向稳定力矩,这是因为出现倾侧以后,垂直尾翼上产生附加侧力 $\Delta Z$ 的作用点高于无人机重心一段距离 $l$,此力将对无人机重心形成横侧向稳定力矩 $M$,并力图消除倾侧和侧滑,使无人机恢复横侧向平衡状态,如图 4-18 所示。

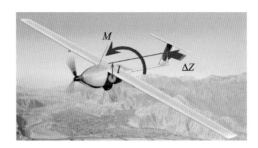

**图 4-18　垂直尾翼产生的横侧向稳定力矩**

稳定性的强弱一般由摆动衰减时间、摆动幅度、摆动次数来衡量,当无人机受到扰动后,恢复原来的平衡状态所需要的时间越短、摆动幅度越小、摆动次数越少,无人机稳定性就越强。

应当指出,无人机的稳定性是无人机本身的一种特性,它与无人机的操纵性有密切的关系,二者需要协调统一。很稳定的无人机,操纵往往不灵敏;操纵很灵敏的无人机,则往往不太稳定。一般来说,对于军用无人机,操纵应当很灵敏;而对于民用无人机而言,则应有较高的稳定性。稳定性与操纵性应综合考虑,以获得最佳的无人机性能。

# 4.5　无人直升机的飞行与操纵

无人直升机作为一种重要的旋翼航空器,通过航空发动机或电机驱动旋翼旋转作为推进力和升力的来源,可以在大气中进行垂直起降及悬停,并能进行前飞、后飞、侧飞及定点回旋等飞行科目,具有固定翼无人机不可比拟的优势。

## 4.5.1　无人直升机旋翼的工作原理

旋翼是无人直升机的关键部件,它由数片(至少两片)桨叶和桨毂构成,形状像细长机翼的桨叶连接在桨毂上。桨毂安装在旋翼轴上,旋翼轴方向接近于铅垂方向,一般由发动机或电机带动旋转。旋翼旋转时,桨叶与周围空气相互作用,产生空气动力,向上的升力克服直升机的重量,使直升机能够在空中飞行。作用在直升机上的力如图 4-19 所示。

直升机旋翼绕旋翼转轴旋转时,每个叶片的工作原理都与一个机翼类似。沿旋翼旋转方向在半径 $r$ 处切一刀,其剖面形状是一个翼型,如图 4-20(a)所示。翼型弦线与垂直于桨毂旋转轴的桨毂旋转平面之间的夹角称为桨叶的安装角(或桨距),用 $\phi$ 表示,如图 4-20(b)所示。相对气流 $v$ 与翼弦之间的夹角为该剖面的迎角 $\alpha$。因此,沿半径方向每段叶片上产生的空气动力 $R$ 可分解为沿桨轴方向上的分量 $F_1$ 和在旋转平面上的分量 $D_1$。$F_1$ 将提供悬停时需要的拉力;$D_1$ 产生的阻力力矩将由发动机所提供的功率来克服。

旋翼旋转所产生的拉力和阻力的大小,不仅取决于旋翼的转速,还取决于桨叶的桨距。调节旋翼的转速和桨距都可以达到调节拉力大小的目的。但是旋翼转速取决于发动机的主轴转速,而发动机转速有一个最佳的工作范围,因此,拉力的改变主要靠调节桨叶桨距来实现。

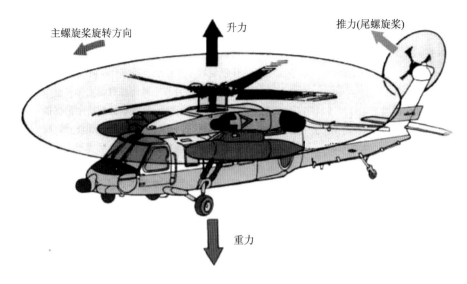

**图 4 - 19　作用在直升机上的力**

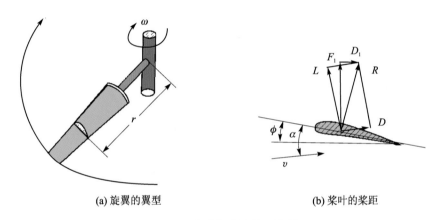

(a) 旋翼的翼型　　　　　　　　(b) 桨叶的桨距

**图 4 - 20　直升机旋翼的工作原理**

## 4.5.2　无人直升机的飞行性能

无人直升机的飞行性能通常分为垂直飞行性能和水平飞行性能,水平飞行性能又主要用前飞性能来描述。

**1. 垂直飞行性能**

垂直飞行性能如下:

① 不同高度的垂直上升速度:在定常状态(作用在无人直升机上的力和力矩都处于平衡的、无加速度的运动状态)下不同高度的垂直上升速度。

② 静升限:垂直上升速度为零时所对应的极限高度,也称悬停高度。静升限是个理论值,在实际中是达不到的。实际中通常把垂直上升速度为 0.5 m/s 所对应的高度称为实用静升限,或称为实用悬停高度。

**2. 前飞性能**

无人直升机前飞性能与固定翼无人机的飞行性能相似,具体如下:

① 平飞速度范围:指在不同高度的巡航速度、有利速度和最大速度。

② 爬升性能:指在不同高度上具有前进速度时的最大爬升率、达到不同高度所需的爬升时间及可能爬升到的最大高度(平飞升限或动升限)。

③ 续航性能:包括在不同高度的最大续航时间和最大航程。

④ 自转下滑性能:指在不同高度的最小下滑率和最小下滑角。

### 4.5.3　无人直升机的操纵

无人直升机的操纵系统是指传递操纵指令,进行总距操纵、变距操纵和航向操纵的操纵机构和操纵线路。通过总距操纵实现直升机的升降运动;通过变距操纵实现直升机的前后左右运动;通过航向操纵改变直升机的飞行方向。

(1) 总距操纵

总距操纵是通过操纵总距杆来实现的,直升机的操纵机构如图 4－21 所示。

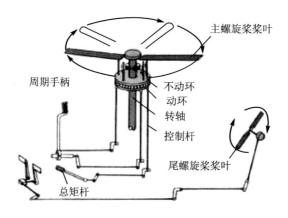

**图 4－21　直升机的操纵机构**

总距操纵可以操纵旋翼的总桨距,使各片桨叶的桨距同时增大或减小,从而改变旋翼拉力的大小,实现直升机的垂直上升和下降,如图 4－22 所示。

旋翼总桨距改变时,旋翼的需用功率也随之改变。因此,必须相应地改变发动机的油门,使发动机的输出功率与旋翼的需用功率相匹配,以保持旋翼速度不变。一般来说,发动机油门操纵和总距操纵通常是交联的,因此,总距操纵又称为总桨距-油门操纵。

(2) 变距操纵

变距操纵是通过操纵周期变距杆来实现的(见图 4－21)。当操纵周期变距杆运动时,自动倾斜器使桨叶的桨距周期性地改变,也就是说,旋翼每片桨叶的桨距每转一周(旋转 360°),都是先增大到某一数值,然后再下降到某一数值,如图 4－23 所示,从而使桨叶升力周期性地改变,并由此引起桨叶周期性挥舞,最终使旋翼锥体相对于机体向着操纵杆运动的方向倾斜,从而实现直升机的前后左右运动。

(3) 航向操纵

对于有人驾驶的直升机来说,航向操纵是通过脚蹬来操纵尾桨的总桨距,从而改变尾桨的

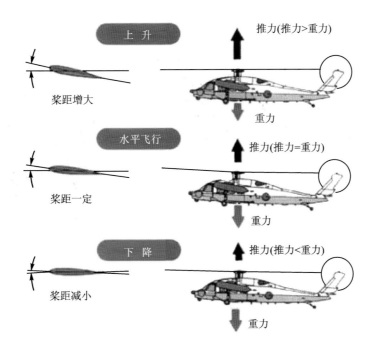

**图 4 - 22　直升机的总距操纵**

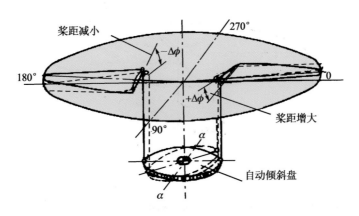

**图 4 - 23　直升机的变距操纵**

推力(或拉力)大小,实现直升机的转向,如图 4 - 24 所示。当尾桨的推力(或拉力)改变时,此力对直升机重心的力矩与旋翼的反作用力矩不再平衡,直升机绕立轴转动,使航向发生改变。

无人机的操纵通常使用双十字杆遥控器进行操作,如图 4 - 25 所示。其中,左杆上下移动相当于总距杆上下移动,左杆左右移动相当于脚蹬左右踩踏;右杆上下移动相当于周期操纵杆前后移动,左杆左右移动相当于周期操纵杆左右移动,其操纵直升机的原理与上述原理一致。

当前,直升机在民用和军用的各个领域都得到了广泛应用。特别是在军用方面,武装直升机在现代战争中发挥的作用越来越大。此外,吊运大型装备的起重直升机以及侦察、救护、森林防火、空中摄影、地质勘探等多用途直升机的应用也非常广泛。

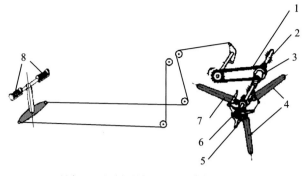

1—链条；2—滑动操纵杆；3—蜗杆套筒；4—桨叶；
5—操纵变距环；6—轴承；7—桨叶；8—脚蹬

图 4-24  尾桨操纵机构

图 4-25  无人机遥控器

### 4.5.4  无人直升机的气动布局

旋翼在空气中旋转，对周围空气产生一个作用力矩，根据牛顿第三定律，空气必定以大小相等、方向相反的力矩作用于旋翼，然后传到机体上，形成一个反作用力矩，如图 4-26 所示。此时如果不采取平衡措施，这个反作用力矩会使机体向旋翼旋转的相反方向旋转。为了平衡这个反作用力矩，需要采用不同的直升机布局形式。

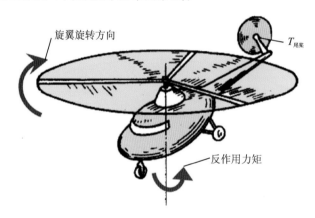

图 4-26  直升机的反作用力矩

直升机的布局形式按旋翼数量和布局方式的不同可分为单旋翼直升机、共轴式双旋翼直升机、纵列式双旋翼直升机、横列式双旋翼直升机和带翼式直升机等几种类型。

**1. 单旋翼直升机**

图 4-27 所示为由一副旋翼产生升力、用尾桨来平衡反作用力矩的直升机。为了实现方向操纵及改善稳定性，在机身尾部还安装了水平尾翼和垂直尾翼。这种直升机构造简单，应用最为广泛，但尾桨要消耗 7%～10% 的功率。

**2. 共轴式双旋翼直升机**

图 4-28 所示为由两副旋翼沿机体同一立轴上下排列并绕其反向旋转，使两副旋翼反作用力矩相互抵消的直升机，简称共轴式直升机。共轴式直升机结构紧凑，外廓尺寸小，但升力系统较重，操纵机构较复杂。共轴式双旋翼已成功地用于中、小型直升机上。

**图 4 - 27　RQ - 8A"火力侦察兵"单旋翼直升机**

**图 4 - 28　中航智 TD220 共轴式双旋翼直升机**

### 3. 纵列式双旋翼直升机

图 4 - 29 所示为由两副旋翼沿机体纵轴方向前后排列、反向旋转、使两副旋翼的反作用力矩相互抵消的直升机,简称纵列式直升机。为了减少两旋翼间的相互干扰,后旋翼安装位置较前旋翼稍高。纵列式直升机机身较长,使用重心变化范围较大,但其传动系统和操纵系统复杂,前飞时后旋翼气动效率较低。

### 4. 横列式双旋翼直升机

图 4 - 30 所示为由两副旋翼沿机体横轴方向左右排列、反向旋转、使两副旋翼的反作用力矩相互抵消的直升机,简称横列式直升机。一般横列式直升机带机翼,左、右旋翼对称地布置在机翼构架上。横列式直升机前飞性能较好,但其构造复杂,结构尺寸大,重量效率低。

### 5. 交叉双旋翼直升机

交叉双旋翼直升机除与其他双旋翼直升机一样装有两副完全一样但旋转方向相反的旋翼外,其明显特点是两旋翼轴不平行,是分别向外侧倾斜的,且横向轴距很小,所以两副旋翼在机体上方呈交叉状,如图 4 - 31 所示。这种直升机的最大优点是稳定性比较好,适宜执行救援、破拆、消防、吊挂等作业。最大缺点是因双旋翼横向布置,气动阻力较大。但由于它的两旋翼轴间距较小,所以其气动阻力又比双旋翼横列式直升机小一些。

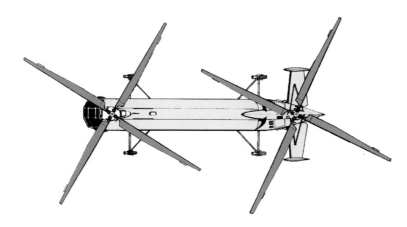

图 4 - 29　纵列式双旋翼直升机

图 4 - 30　横列式双旋翼直升机

图 4 - 31　交叉双旋翼直升机

# 4.6　多旋翼直升机的飞行原理与飞行操纵

目前,多旋翼直升机多为无人机。多旋翼直升机的升力也是通过旋翼旋转产生的,但由于螺旋桨的转动主要是由电动机来驱动的,因此,它的飞行与操纵主要是通过调节电机的转速来改变旋翼转速,从而实现升力的变化,并控制飞行器的姿态和飞行。下面以四旋翼和六旋翼直升机为例介绍多旋翼直升机的飞行原理与飞行操纵。

## 4.6.1　四旋翼直升机的飞行原理与飞行操纵

如图 4-32 所示,旋翼对称分布在机体的前、后、左、右四个方向,四个旋翼处于同一高度平面,且四个旋翼的结构和半径都相同;四个电机分别安装在四个支架的末端,带动旋翼旋转;支架中间的空间安放飞行控制计算机和外部设备。为了抵消旋翼在旋转时产生的扭转力矩,相互对应的两个旋翼的旋转方向相同,而相邻旋翼的旋转方向正好相反,即电机 1 和电机 3 逆时针旋转的同时,电机 2 和电机 4 顺时针旋转,因此当飞行器平衡飞行时,陀螺效应和空气动力扭矩效应均被抵消。

在下面的原理分析中,规定沿 $x$ 轴正方向为向前运动方向,$y$ 轴正方向为向右运动方向,$z$ 轴正方向为向上运动方向;并规定电机旋转时箭头朝上表示此电机转速提高,升力增大,箭头朝下表示此电机转速下降,升力减小。

**1. 垂直升降运动与悬停**

同时增加四个电机的输出功率,旋翼转速增加使得总的拉力增大,当总拉力足以克服整机重量时,四旋翼直升机便离地垂直上升,如图 4-33 所示;反之,同时减小四个电机的输出功率,四旋翼直升机则垂直下降,直至平稳落地,实现了沿 $z$ 轴的垂直运动。当旋翼产生的升力等于直升机的重量时,直升机便保持悬停状态。

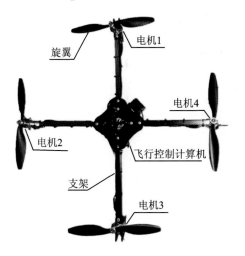

图 4-32　四旋翼的旋翼布置图

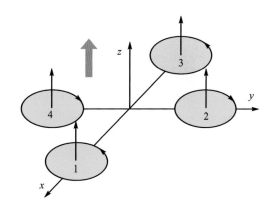

图 4-33　四旋翼直升机的垂直升降运动

**2. 俯仰运动**

在图 4-34 中,电机 1 的转速上升,电机 3 的转速下降,电机 2、4 的转速保持不变。由于旋翼1的升力上升,旋翼3的升力下降,产生的不平衡力矩使机身绕 $y$ 轴旋转,直升机则向后仰;同理,当电机1的转速下降,电机3的转速上升,机身便绕 $y$ 轴向相反的方向旋转,直升机则向往前俯,从而实现直升机的俯仰运动。

**3. 滚转运动**

同样,在图4-35中,改变电机2和电机4的转速,保持电机1、3的转速不变,则可使直升机绕 $x$ 轴旋转,并实现向左或向右的转动,实现直升机的滚转运动。

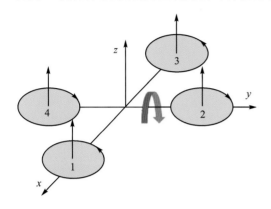

图 4 - 34　四旋翼直升机的俯仰运动

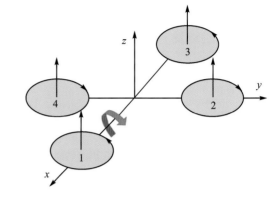

图 4 - 35　四旋翼直升机的滚转运动

**4. 偏航运动**

旋翼转动过程中由于空气阻力的作用会形成与转动方向相反的反扭力矩,当四个电机转速相同时,四个旋翼产生的反扭力矩相互平衡,四旋翼直升机不发生转动;当四个电机转速不完全相同时,不平衡的反扭力矩会引起四旋翼直升机的转动。在图4-36中,当电机1和电机3的转速上升,电机2和电机4的转速下降时,旋翼1和3对机身的反扭力矩大于旋翼2和4对机身的反扭力矩,此时,机身便沿着与电机

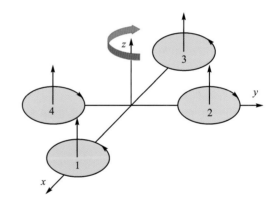

图 4 - 36　四旋翼直升机的偏航运动

1、3的转向相反的方向绕 $z$ 轴转动,实现直升机的偏航运动。同理,当电机2、4的转速上升,而电机1、3的转速下降时,直升机将沿着与旋翼1、3的转向相同的方向绕 $z$ 轴转动。

**5. 前后、左右运动**

要想实现直升机在水平面内前后、左右的运动,必须在水平面内对直升机施加一定的力。在图4-37中,增加电机3的转速,使升力增大,相应减小电机1的转速,使升力减小,同时保持其他两个电机转速不变,并使反扭力矩仍然保持平衡,此时,直升机就会朝前产生一定程度的倾斜,从而使旋翼升力产生一个水平向前的分量,实现直升机的前飞运动。向后的飞行与向前的飞行操纵过程正好相反。需要说明的是,在图4-34和图4-35中,直升机在产生俯仰、翻滚运动的同时也会产生沿 $x$ 轴、$y$ 轴的水平运动。

同理,在保持电机1和3转速不变的情况下,同时控制电机2和4的转速即可实现直升机的左右侧向运动,如图4-38所示。

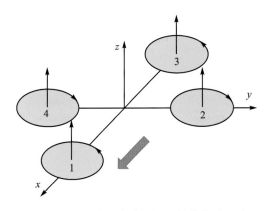
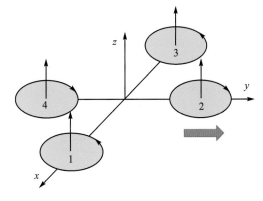

图 4 - 37　四旋翼直升机沿 $x$ 轴的前后运动　　　　图 4 - 38　四旋翼直升机沿 $y$ 轴的左右侧向运动

## 4.6.2　六旋翼直升机的飞行原理与飞行操纵

同四旋翼直升机的飞行原理相同,沿周向对称布置的六旋翼直升机的垂直升降运动、俯仰运动、滚转运动及前后、左右飞行都可以通过控制不同旋翼电机的转速来实现。图 4 - 39 所示为周向对称布置的六旋翼直升机结构,为了保持水平姿态,每组相对的旋翼转速大小相同,但方向相反,这样 6 个旋翼之间的力矩实现平衡,且各个旋翼上的拉力也相等,这样就可以保持水平姿态的平衡。

图 4 - 39　周向对称布置的六旋翼直升机结构

对于两两共轴的六旋翼直升机,其操纵原理略有不同,下面对这种直升机的操纵原理加以介绍。

共轴双旋翼的结构如图 4 - 40 所示。共轴双旋翼上下旋翼的旋转方向相反,这样旋翼转动所产生的反扭矩将相互抵消,不会造成机体的自旋,并规定 1、3、5 号旋翼顺时针方向旋转,2、4、6 号旋翼逆时针方向旋转,如图 4 - 41 所示。

**1. 垂直升降运动**

同时增加六个旋翼的转速或者同时减小六个旋翼的转速可以增加或者减小旋翼所产生的总拉力,由此可以实现六旋翼直升机在垂直方向上的上升与下降运动,当直升机的升力和重量相同时即可实现悬停。

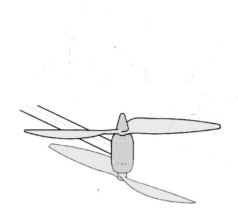

图 4-40　共轴双旋翼的结构

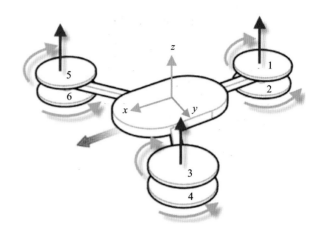

图 4-41　两两共轴的六旋翼直升机

### 2. 向前向后运动

在图 4-40 中,减小 3、4、5、6 号旋翼的转速,同时增加 1、2 号旋翼的转速,可以产生一个绕 $y$ 轴转动的力矩,该力矩使机体向前倾斜,因此导致旋翼所产生的总的拉力在前进方向上有一个分量,该分量会使直升机向前飞行。同理,增大 3、4、5、6 号旋翼的转速,同时减小 1、2 号旋翼的转速,则可使直升机向后飞行。

### 3. 向左向右运动

在图 4-40 中,增大 3、4 号旋翼的转速并减小 5、6 号旋翼的转速,可以产生一个绕 $x$ 轴转动的力矩,该力矩使机体向右倾斜,因此导致旋翼所产生的总拉力在 $y$ 轴上有一个向右的分量,该分量可使机体向右运动。同理,减小 3、4 号旋翼的转速,并增大 5、6 号旋翼的转速,可以使机体向左运动。

### 4. 偏航运动

两两共轴的六旋翼直升机在偏航方向的转动是由旋翼转动所产生的反扭力矩实现的。

在图 4-40 中,由于 1、3、5 号旋翼顺时针旋转,则机体会受到 1、3、5 号旋翼逆时针方向的反扭力矩。同理,由于 2、4、6 号旋翼逆时针旋转,则机体受到 2、4、6 号旋翼顺时针方向的力矩。保持这两个力矩相等,六旋翼直升机将不会绕着 $z$ 轴转动。

若增加 1、3、5 号旋翼的转速,减小 2、4、6 号旋翼的转速,将会在 $z$ 轴上产生一个力矩,这个力矩会导致机体绕 $z$ 轴逆时针方向偏转,因此可以使飞机沿前进方向向左偏航。同理,减小 1、3、5 号旋翼的转速,增大 2、4、6 号旋翼的转速,则可以使飞机沿前进方向向右偏航。

有关八旋翼甚至更多旋翼直升机的飞行原理可以参考以上原理进行分析,这里不再赘述。

# 4.7　机动飞行

需要作机动飞行的飞机要求具有一定的机动性能。飞机的机动性是指飞机在一定时间间隔内改变飞行状态的能力。对飞机机动性的要求,取决于飞机要完成的飞行任务。对于战斗机而言,要求空中格斗,对机动性要求就很高。在夺取空战优势时,飞机的机动性起着相当重要的作用,所以机动性是军用飞机重要的战术性能指标。对于进行各种空中作业的无人机,也要求有一定的机动性能,以完成各种飞行任务。

　　飞机飞行时除了有俯仰、偏航和滚转等最基本的常规机动动作外,还可以完成空中定点盘旋、筋斗、俯冲、跃升、战斗转弯等机动动作,有些飞机还可以做钟形机动和眼镜蛇机动等高机动动作。

### 4.7.1　盘　旋

　　飞机的盘旋是指飞机在水平面内作等速圆周运动。要保持飞机在水平面内高度不发生变化,就必须保证飞机向上的作用力与向下的重力平衡。要保持飞机的速度不发生变化,就必须保证飞机的推力与阻力平衡。而要使飞机作半径不变的圆周运动,则根据圆周运动的半径公式 $R = \dfrac{mv^2}{F}$ 可知,半径的大小与飞机质量和飞行速度的平方正成比,与向心力的大小成反比。而在飞行中飞机的质量基本不发生变化,因此,在保持飞行速度不变的情况下,必须保证向心力不变,而这个向心力正是由升力在水平面内的分力提供的。因此,在作盘旋时,必须首先使飞机倾斜,让升力向盘旋中心方向倾斜,从而使升力同时起到平衡重力和产生向心力的作用,如图 4-42(a)所示。图 4-42(b)所示为飞机正在进行盘旋表演。

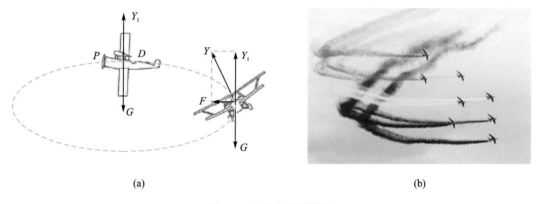

(a)　　　　　　　　　　　　　　　　　(b)

图 4-42　飞机盘旋飞行

　　例如,在进行左盘旋机动飞行时,飞机进入盘旋状态,飞行员应柔和地向左压驾驶杆,同时前蹬左舵,使飞机向左滚转的同时向左转弯,并保持飞机机头无俯仰,且速度稳定,从而使飞机平稳地转过 360°。

### 4.7.2　俯冲、筋斗和跃升

　　图 4-43 所示是飞机俯冲、筋斗、跃升三个机动动作的示意图。

　　俯冲是飞机将势能转化为动能、迅速降低高度、增大速度的机动飞行,作战飞机常借此来提高轰炸和射击的准确度。在急剧俯冲时,为了防止速度增加过快和超过相应高度的最大允许速度,必须减小发动机推力,有时需要放下减速板。

　　筋斗飞行是飞机在铅垂平面内作轨迹近似椭圆、航迹方向改变 360° 的机动飞行。筋斗飞行由爬升、倒飞、俯冲、平飞等动作组成,如图 4-44(a)所示为筋斗飞行的各阶段运动分解,图 4-44(b)所示为筋斗飞行的飞行航迹。筋斗飞行是衡量飞机机动性的基本指标之一,完成一个筋斗所需的时间越短,机动性越好。翻筋斗飞行时,过载系数可达到 6。

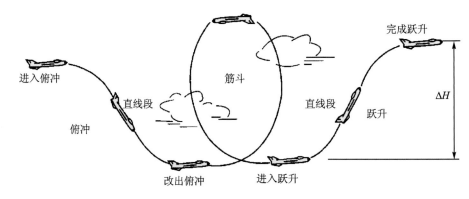

图 4-43 俯冲、筋斗和跃升飞行

(a) 运动分解

(b) 飞行航迹

图 4-44 筋斗飞行

跃升是将飞机的动能转变成势能、迅速取得高度优势的一种机动飞行。跃升性能的好坏由跃升增加的高度 $\Delta H$ 及所需的时间来衡量,飞机在作跃升机动后的高度可大大超过飞机的静升限。

### 4.7.3 战斗转弯

同时改变飞行方向和增加飞行高度的机动飞行称为战斗转弯,如图 4-45 所示。空战中为

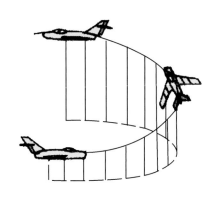

图 4-45 战斗转弯

了夺取高度优势和占据有利方位,常用这种机动飞行动作。除了采用典型的操纵滚转角的方法外,为了缩短机动时间还可采用半筋斗方法进行战斗转弯。战斗转弯时,过载系数可达 3~4。

半筋斗翻转是先将飞机拉起,飞半个筋斗,即向上跃升接半滚转状态后改平飞动作,是在牺牲一定速度的情况下获取高度优势,并且使飞机的飞行方向掉转 180°,图 4 - 46 所示为半筋斗翻转。其战术意义是在摆脱机尾敌机的同时,还可以获取高度优势,并抄到敌机的尾部,反守为攻。

图 4 - 46　半筋斗翻转

### 4.7.4　钟形机动

飞机先是平飞,拉起向上,机头指向正上方时上升速度也减为零,随后机头逐渐转向落下,这个机动是在空空格斗中甩掉敌机的一个重要动作,如图 4 - 47 所示。

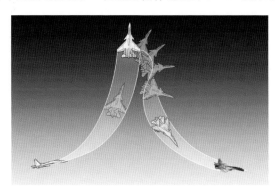

图 4 - 47　钟形机动

### 4.7.5　"眼镜蛇"机动

"眼镜蛇"机动的飞行过程如下:飞机先水平飞行,突然机头迅速拉起,迎角迅速增加,最大可达 110°,形成机尾在前,机头在后的姿态,就像一条仰头发威的眼镜蛇一样。此后机头再逐渐恢复水平位置,重新进入平飞,整个过程中飞机的总体飞行轨迹大致保持水平,上下起伏不大。"眼镜蛇"机动是一种高难度的机动动作,它可以使飞机在超过失速迎角的大迎角状态下,仍然有能力对飞机的姿态做出调整,实现快速机头指向,完成可操纵的战术机动,其主要作用是瞬间使飞机占据有利位置,改变敌我攻守态势,取得空中优势。图4-48所示为"眼镜蛇"机动的运动分解图。

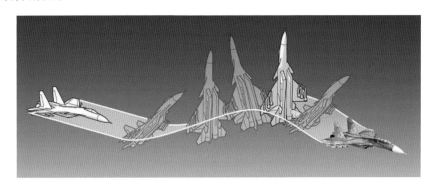

图4-48 飞机的"眼镜蛇"机动

# 习 题

4-1 飞机的飞行性能包括哪些性能指标？它们受到哪些因素的影响？

4-2 飞机气动布局的类型有哪些？各有何特点？

4-3 飞机的主要操纵舵面有哪些？它们是如何实现对飞机的各种操纵的？

4-4 什么是飞机的纵向稳定性？分析影响纵向稳定性的因素。

4-5 直升机产生升力的原理是什么？什么是螺旋桨的桨距？

4-6 直升机是如何实现前后左右运动的？

4-7 直升机的气动布局有哪些？

4-8 试分析四旋翼直升机的飞行操纵过程。

4-9 什么是机动飞行？飞机如何实现盘旋机动？

# 第5章　无人机动力装置

动力装置为无人机提供满足飞行速度、高度要求的推力或电力输出,是无人机实现飞行的基础,本章将对各类无人机的动力装置进行介绍。

## 5.1　活塞式发动机

活塞发动机是一种以燃油为燃料,将热能转变成机械能的内燃机,工作时必须带动螺旋桨等推进器才能为无人机提供动力。活塞航空发动机的一个工作循环包括进气、压缩、燃烧膨胀以及排气4个过程,根据活塞的运动形式可将其分为往复式活塞发动机和旋转活塞发动机两大类。

### 5.1.1　往复式活塞发动机

往复式活塞发动机的主要由气缸、活塞、连杆、曲轴、气门机构、螺旋桨减速器、机匣等组成,它利用一个曲柄连杆机构将活塞的往复直线运动转换为曲轴的旋转运动,带动螺旋桨转动。活塞式发动机属于内燃机,它通过燃料在气缸内的燃烧,将热能转变为机械能。图5-1所示为往复式活塞发动机的工作原理。

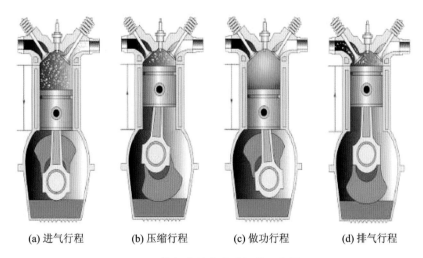

(a) 进气行程　　　(b) 压缩行程　　　(c) 做功行程　　　(d) 排气行程

**图 5-1　往复式活塞发动机的工作原理**

往复式活塞发动机的工作过程可以在2个或4个行程内完成,分别称为二冲程活塞发动机或四冲程活塞发动机。对于四冲程发动机,完成一个工作循环需要四个冲程,曲轴要转两圈;而二冲程发动机,完成一个工作循环仅需要两个冲程,曲轴转一圈。大多数往复式活塞发动机都安装有增压器,空气进入气缸之前先经过增压器增压,增加进入气缸的空气量。

图5-2所示为德国Hirth公司的4103型二冲程往复式活塞发动机。图5-3所示为装

图 5 - 2　德国 Hirth 公司的 4103 型二冲程往复式活塞发动机

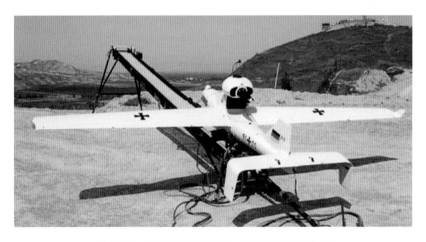

图 5 - 3　以活塞发动机为动力的 LUNA 无人机

备了 Hirth 公司生产的活塞发动机的 LUNA 无人机。

往复式活塞发动机的主要优点是效率高、耗油率低，因此在无人机上得到了广泛的应用。小型二冲程活塞发动机体积小，质量轻，结构简单，使用维护方便，能满足一般小型、低空、短航时无人机的要求。但由于二冲程活塞发动机缸数和冷却的限制，进一步提高功率有很大困难，而且二冲程活塞发动机耗油率较高，废气涡轮增压系统难以实现，无法满足中高空长航时无人机的要求。相比之下，四冲程活塞发动机具有较大的功率、较低的油耗率、优良的高空性能和较高的可靠性。

## 5.1.2　旋转式活塞发动机

旋转式活塞发动机又称为转子发动机，它是一种特殊的活塞发动机。转子活塞为一个凸弧边三角形，当转子在近似椭圆的缸体内旋转时，弧边三角形的 3 个顶点与缸壁保持接触，从而使转子弧面同缸壁之间形成 3 个相互分隔的工作室。这 3 个工作室的容积大小随转子的转动而周期性地变化,转子每旋转一周,各个工作室都能完成一次四个冲程的过程。图 5 - 4 所示为旋转式活塞发动机的结构图。

图 5 - 4　旋转式活塞发动机结构图

旋转式活塞发动机与往复式活塞发动机工作原理相同,都是依靠空气和燃料的混合气燃烧产生的膨胀压力获得转动力,它的四个冲程也同往复式活塞发动机的四个冲程相对应,从而形成完整的工作循环。图 5 - 5 所示为旋转式活塞发动机的工作原理。

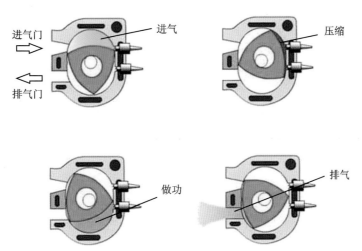

图 5 - 5　旋转式活塞发动机工作原理

旋转式活塞发动机仅通过气口换气而不需要复杂的气阀配气机构,也不需要曲柄连杆机构,因此结构大为简化,而且具有质量轻、体积小、比功率高、制造成本低、运转平衡、高速性能良好等优点。

### 5.1.3 活塞发动机辅助系统

活塞发动机的辅助系统一般由进气系统、增压器、点火系统、燃油系统、启动系统和润滑系统等组成。

**1. 进气系统**

进气系统是活塞发动机的动脉,为发动机提供燃烧做功所需的清洁空气和燃料。活塞发动机进气系统将外部空气和燃油混合,然后把油气混合物送到气缸。外部空气从发动机罩前部的进气口进入进气系统,这个进气口通常会包含一个阻止灰尘和其他外部物体进入的空气过滤器。

**2. 增压器**

增压器是一种用于活塞发动机的辅助装置。发动机产生动力的条件是空气中的氧气与燃料的燃烧,由于在一定大气压力下单位空气的含氧量是固定的,同时一般的自然进气发动机是依靠活塞运动产生的压力差将空气或空气与燃油的混合气吸进气缸,压力差有其上限,使得自然进气发动机的动力受大气压力限制,所以就有了增压器的使用。装设增压器能提高发动机的进气压力,以增加其中氧气的含量,通常可以使同排气量的发动机增加 20%～50% 甚至更高的输出功率。最新的增压器技术能大幅降低油耗。

**3. 点火系统**

点火系统是点燃燃料与空气混合气的系统。点火系应产生足够能量的高压电流,准时和可靠地击穿火花塞两电极,使火花点燃发动机汽缸内的混合气。目前的无人机活塞发动机多采用可控硅无接触点电容放电式点火系统。电容放电式点火系由霍尔效应传感器、点火控制盒、点火线圈和火花塞组成。

**4. 燃油系统**

活塞式发动机燃油系统由油箱、油泵、燃油过滤器、汽化器或燃油喷射系统组成。燃油系统应能保证提供持续的从油箱到发动机的洁净的燃油。在所有发动机功率、高度、姿态和所有核准的飞行机动条件下,燃油系统都必须将燃油提供给发动机。无人机系统一般使用两种常规类别的燃油系统:重力馈送系统和燃油泵系统。重力馈送系统使用重力把燃油从邮箱输送到发动机。如果飞机的设计不能用重力输送燃油,就要安装燃油泵。

**5. 启动系统**

要使发动机由静止状态过渡到工作状态,必须先用外力转动发动机的曲轴,使活塞做往复运动,使气缸内的可燃混合气体燃烧膨胀做功,推动活塞向下运动使曲轴旋转,发动机才能自行运转,工作循环才能自动进行。因此,曲轴在外力作用下开始转动到发动机开始自动运转的全过程,称为发动机的启动。完成启动过程所需的装置,称为发动机的启动系统。

启动发动机时,必须严格遵守安全规则。其中,最重要的是要避开螺旋桨旋转平面。另外,无人机机体此时必须稳固,以避免意外运动导致的危险。

**6. 润滑系统**

发动机润滑系统主要由机油泵、压力调节阀、机油集滤器、机油滤清器、机油散热器、油压传感器等组成。

由于发动机工作时,摩擦表面(如曲轴轴颈与轴承、凸轮轴轴颈与轴承、活塞环与气缸壁等)之间以很高的速度作相对运动,金属表面之间的摩擦不仅增大了发动机内部的功率消耗,使零部件工作表面迅速磨损,摩擦所产生的热量还可能使某些工作零件表面熔化,导致发动机无法正常运转。因此,为了保证发动机正常工作,必须对发动机内相对运动的部件表面进行润滑,使金属表面之间产生一层薄的油膜,以减小摩擦阻力,降低功率损耗,减轻磨损,延长发动机使用寿命。润滑系统除了起到润滑发动机各部件的作用外,还具有冷却、清洁、密封和防锈等功能。

# 5.2　燃气涡轮发动机

由于绝大多数活塞发动机只适用于低速低空的无人机,对于更大使用范围的无人机而言,燃气涡轮发动机是首选的动力装置。

## 5.2.1　涡轮喷气发动机

20 世纪 50 年代之后,有人飞机使用的涡轮喷气发动机技术的发展为无人机涡轮喷气发动机的发展提供了重要的技术基础。

涡轮喷气发动机通常由进气道、压气机、燃烧室、涡轮和尾喷管组成,如图 5 - 6 所示。涡轮喷气发动机的工作过程是:空气首先由进气道进入发动机,空气流速降低,压力升高。当气流经过压气机后,空气压力可提高几倍甚至数十倍。具有较高压力的空气进入燃烧室,与从喷嘴喷出的燃料充分混合,经点火后燃烧,此时燃料的化学能转换为内能。此后,燃烧产生的高温高压气体驱动涡轮工作,高速旋转的涡轮产生机械能,带动压气机和其他附件工作。流经涡轮的混合气体最后从尾喷管高速喷出产生推力。

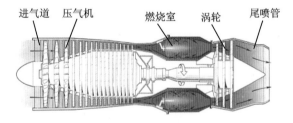

**图 5 - 6　涡轮喷气发动机的组成**

目前,小型涡轮喷气发动机已在一些高速无人靶机及突防无人机中得到广泛应用。图 5 - 7 所示为采用小型涡轮喷气发动机推进的我国的"无侦-5"高空多用途无人驾驶侦察机,图 5 - 8 所示为"无侦-5"使用的由北京航空航天大学研制的"涡喷 11"(WP - 11)小型涡轮喷气发动机,其推力可达 850 daN。

**图 5 - 7　"无侦-5"高空多用途无人机**

图 5 - 8　WP - 11 小型涡轮喷气发动机

　　一般来说，将推力量级在 100 daN(1 daN＝10 N)以下的涡轮喷气发动机称为微型涡轮喷气发动机。由于微型涡轮喷气发动机具有结构相对简单、加速快、经济性能好等优点，广泛用于军用和民用无人机中，如图 5 - 9 所示为 KJ - 66 RC 微型涡轮喷气发动机。

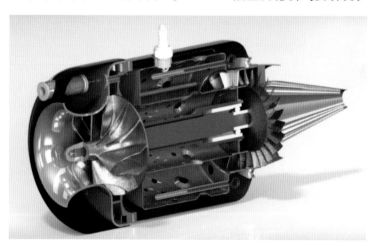

图 5 - 9　KJ - 66 RC 微型涡轮喷气发动机

## 5.2.2　涡轮风扇发动机

　　涡轮风扇发动机的结构和涡轮喷气发动机的结构很相似，所不同的是涡轮风扇发动机在涡轮喷气发动机的基础上增加了风扇和驱动风扇的低压涡轮。涡轮风扇发动机的结构如图 5 - 10 所示。涡轮分为高压涡轮和低压涡轮，高压涡轮带动压气机转动，低压涡轮带动风扇转动。

　　当发动机启动后，风扇转动吸入大量空气，并将空气进行压缩。压缩的气流分成两部分，一部分气流像普通涡轮喷气发动机一样，进入压气机、燃烧室和涡轮，最后经尾喷管加速排出产生推力，这股气流通过的通道称为内涵道；另一部分气流通过风扇对气流压缩后，从外边的通道不经燃烧直接加速喷出产生推力，这股气流所经过的通道称为外涵道，所以这类发动机又叫做内外涵发动机。图 5 - 11 所示为涡轮风扇发动机与涡轮喷气发动机的结构对比。

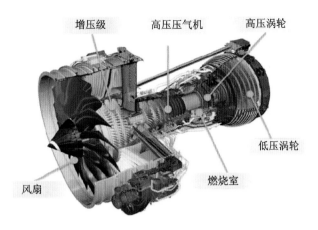

**图 5 - 10　涡轮风扇发动机结构**

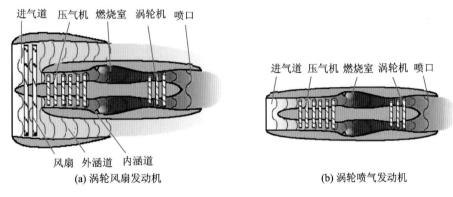

(a) 涡轮风扇发动机　　　　　　　(b) 涡轮喷气发动机

**图 5 - 11　涡轮风扇发动机与涡轮喷气发动机的结构对比**

## 5.2.3　涡轮螺桨发动机

涡轮螺桨发动机和涡轮喷气发动机相比,也包括进气道、压气机、燃烧室、涡轮和尾喷管五部分,所不同的是涡轮螺桨发动机进气道前面加了一个直径很大的螺旋桨,如图 5 - 12 所示。

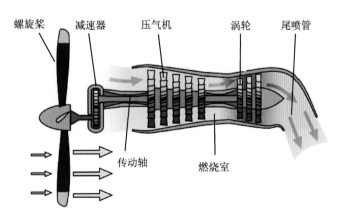

**图 5 - 12　涡轮螺桨发动机**

发动机工作时,从进气道吸入的大量空气,被压气机压缩后送入燃烧室进行燃烧,从燃烧室出来的高温高速气流吹动涡轮高速旋转。涡轮除了带动前面的压气机转动外,还要带动螺旋桨旋转。

由于螺旋桨的转速比涡轮低得多,所以需要在发动机上安装一套减速装置,使涡轮的转速降低到螺旋桨所需要的转速。图5-13右上角所示即是"捕食者"无人机涡轮螺桨发动机的减速装置。

图5-13 "捕食者"无人机采用的涡轮螺桨发动机

轻型及微型无人机采用的微小型涡轮螺桨发动机一般使用2叶桨,少数使用3叶桨或4叶桨,如图5-14所示是在KJ-66涡轮喷气发动机的基础上添加螺桨后的涡轮螺桨发动机。

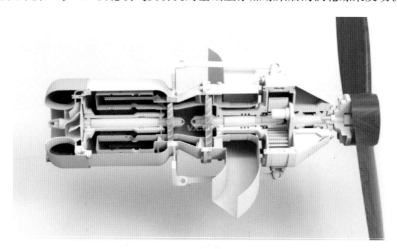

图5-14 微型涡轮螺桨发动机

### 5.2.4 涡轮轴发动机

涡轮轴发动机简称涡轴发动机,是一种输出轴功率的涡轮喷气发动机,是直升机的主要动力。法国于20世纪50年代初研制成功世界上第一架用涡轮轴发动机做动力的直升机。目前,国外涡轮轴发动机已经发展到第四代,功率从几十千瓦到几千千瓦,基本上满足了各种功率需求的军用和民用飞机。

　　与一般航空喷气发动机一样,涡轮轴发动机也有进气道、压气机、燃烧室、涡轮和尾喷管五大部件。它的组成部分和工作过程与涡轮螺桨发动机很相似,所不同的是燃气的可用能量几乎全部转变成涡轮的轴功率,因而燃气不提供推力。涡轮轴发动机利用普通涡轮带动压气机工作,并利用一个不与压气机相连的自由涡轮输出动力带动直升机的旋翼旋转,从而把功率传出去。涡轮轴发动机的结构示意图如图 5－15 所示。

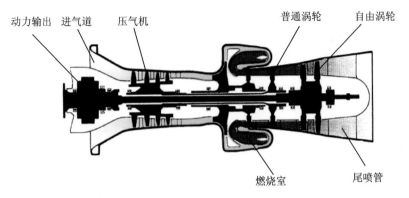

**图 5－15　涡轮轴发动机结构示意图**

# 5.3　冲压发动机

　　以上燃气涡轮发动机都带有涡轮这个核心部件。随着无人机飞行速度的提高,又出现了更适合于高速飞行的冲压式燃气喷气发动机(简称冲压发动机)。

　　冲压发动机与燃气涡轮发动机不同,它们没有专门的压气机,而是靠航空器高速飞行时的相对气流进入发动机进气道后减速,将动能转变成压力能,使空气静压提高,是一种空气喷气发动机。它通常由进气道(扩压器)、燃烧室和尾喷管三部分组成,其结构组成如图 5－16 所示。冲压发动机没有压气机和涡轮等转动部件,因此,结构大大简化。

　　冲压发动机产生的推力与进气速度有关。飞行速度越大,冲压越大,因而产生的推力也就越大,所以冲压发动机较适合于高速飞行。在低速飞行时冲压作用小,压力低,经济性差(耗油率高)。冲压发动机在静止时不能产生推力,因此,要靠其他动力装置将其加速,达到一定速度后才能正常工作,所以冲压发动机通常要和其他发动机组合使用,形成组

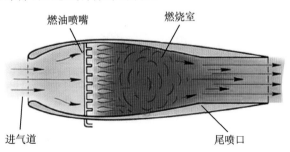

**图 5－16　冲压发动机的结构**

合式动力装置。如果冲压发动机作为航空器的动力装置单独使用,则这种航空器必须由其他航空器将其携带至空中并达到一定速度时,才能将冲压发动机启动。例如,图 5－17 所示为飞行速度超过 5 倍声速的美国 X－51A 高超声速无人机,它使用的动力装置即为冲压发动机,其

发动机在低速时不能工作,因此需要先由 B-52 战略轰炸机携带起飞,飞行到一定高度后释放,再由一个火箭发动机助推加速,当飞行速度达到 3 Ma 以上时才启动其自身的冲压发动机继续飞行。

图 5-17　B-52 飞机携带 X-51A 飞行

# 5.4　电动动力系统

电动飞机是以电动机带动螺旋桨、涵道风扇或其他装置产生前进动力的飞机。随着航空技术的发展,传统的燃油发动机推进系统造成的环境污染和噪声等问题越来越受到业界的关注,被称为新一轮"飞行革命"的电动航空时代已然到来,并已成为世界航空领域发展的前沿热点。由于目前电池能量密度还不是很高,采用全电力系统直接驱动大型飞机还有一定的困难,但对于无人机来说,由于飞机相对较小,电力推进使飞机接近于零排放、零污染的绿色航空时代将率先成为现实。

电动无人机以电动动力系统作为动力来源,采用直流电动机作为驱动螺旋桨转动的发动机,发动机大多为无刷直流电动机,也有部分使用有刷直流电动机,电动机运转所需要的能量主要由聚合物锂电池或燃料电池等新能源提供。

电动动力系统主要由动力电源、动力电机、调速控制系统三部分组成。

## 5.4.1　动力电源

动力电源的作用主要是为电动机的运转提供电能。无人机通常采用化学电池作为电动无人机的动力电源。

电池是将其他形式的能量直接转换为直流电能的装置,是电推进系统的关键部件之一。化学电池主要包括镍氢电池、镍铬电池、锂离子电池和锂离子聚合物电池等。其中,前两种电池因质量大、能量密度低,现已基本上被后两种动力电池所取代。除此之外,目前氢燃料电池、太阳能电池和超导电容等越来越受到人们的关注。

电池按是否可以被再次利用可分为一次电池和二次电池。不可充电电池称为一次电池,可充电电池称为二次电池。简单地说,二次电池是指在电池放电后可通过充电的方式使活性物质激活而继续使用的电池。

**1. 锂电池**

锂电池是指电化学体系中含有锂(金属锂、锂合金和锂离子、锂聚合物)的最基本电化学单位的电池。锂电池大致可分为三类:锂金属电池、锂离子电池和锂离子聚合物电池。

(1) 锂金属电池

锂金属电池是锂原电池,内含纯态的锂金属,一般使用二氧化锰为正极材料,用金属锂或其合金金属作为负极材料,使用非水电解质溶液,当正负极接通时,锂和二氧化锰产生化学反应而放电。锂原电池为一次电池,不可充电。

(2) 锂离子电池

锂离子电池是一种二次锂离子电池,不含金属态的锂,一般使用锂合金金属氧化物为正极材料,用石墨作为负极材料,使用非水电解质溶液。

锂离子电池是一种充电电池,主要依靠锂离子在正极和负极之间移动来传递电荷,从而形成电流。在充放电过程中,$Li^+$在两个电极之间往返嵌入和脱嵌。充电池时,$Li^+$从正极脱嵌,经过电解质嵌入负极,负极处于富锂状态;放电时则相反。正极材料、负极材料、电解液是影响锂离子电池性能的关键材料。锂离子电池的工作原理图如图 5 - 18 所示。

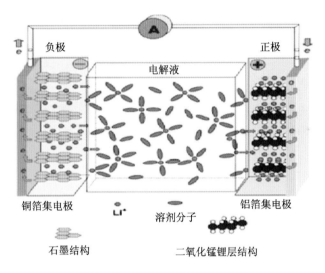

**图 5 - 18　锂离子电池的工作原理**

(3) 锂离子聚合物电池

锂离子聚合物电池是一种用胶态或固态聚合物取代液态有机溶剂的二次锂离子电池,具有较好的安全性,也称之为锂聚合物电池,其工作原理与锂离子电池类似。

通常锂离子电池和锂离子聚合物电池统称为锂离子电池。锂离子电池是继镍镉电池、镍氢电池之后的第三代小型蓄电池,具有工作电压高、能量大、放电电位曲线平稳、自放电小、循环寿命长、低温性能好、无记忆、无污染等突出的优点。

**2. 燃料电池**

燃料电池是把燃料中的化学能通过电化学反应直接转换为电能的发电装置,通常包括燃料供应、氧化剂供应、水热管理及电控等子系统。理论上只要外部不断供给燃料与氧化剂,燃料电池就可以持续发电,因此燃料电池具有能量转换效率高、寿命长、比功率高的特点,而且不会对环境造成污染。目前,一些无人机已开始使用氢燃料电池。

氢燃料电池的工作原理是水电解的逆反应,把氢和氧分别供给阴极和阳极,利用催化剂,氢在通过阴极向外扩散和电解质发生反应后放出电子,并通过外部的负载到达阳极,产生电流。氧气和氢气在催化剂的作用下产生电能、水和热量。氢燃料电池的工作原理如图 5-19 所示。

氢燃料电池与锂离子电池相比重量更轻、体积更小,相同重量、体积下氢离子能够储存更大的能量,带来更长的放电时间,续航时间更长,目前氢燃料无人机的续航时间已可达 4 h 以上。另外,锂电池充电时间较长,电池性能随使用时间增长会有所下降,而氢燃料电池加注氢气时间短,甚至可以直接更换储气罐,而且生命周期内性能衰减也较小。

作为无人机的动力源,使用氢燃料电池的无人机飞行前需要提前灌注氢气。氢燃料电池最主要的问题是安全性问题,除此之外,氢燃料电池的成本也较高,电池对工作温度控制要求比较严格,因此,运行时产生的热量和水都需要妥善处理。图 5-20 所示为采用氢燃料电池的无人机。

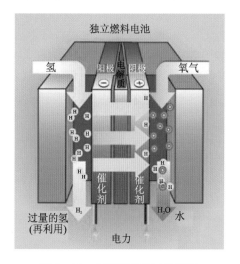

图 5-19　氢燃料电池工作原理

图 5-20　采用氢燃料电池的无人机

### 3. 锂电池和燃料电池混合电源系统

由燃料电池和锂电池组成的混合动力系统的无人机,一般在起飞和爬升阶段主要使用锂电池,在巡航阶段则可使用燃料电池,这样可以获得更高的推进效率。

一般来说,电池的体积越大,储存的电量就越多,但这样飞机的重量也就会增加,所以选择合适的电池对飞行是很有好处的。

目前,大多数电推进型无人机的动力以锂离子电池为主。锂离子电池使用方便可靠,但使用时间较短,限制了无人机的航程;燃料电池以及蓄电池和燃料电池混合动力已经开始在无人机上应用,技术上也已经有了很大的发展。图 5-21 所示为采用电推进系统的无人机在执行航拍任务。

由于电池部分的重量在整个无人机平台中所占比例很大,而新的高能量密度电池目前还没有明显的突破,因此采用结构能源技术就成为解决此问题的一条有效途径。这种技术将具有较高能量密度的电池经特殊设计和加工,制造成无人机的结构件,具有结构和功能一体化的效果,可以有效地减轻飞机结构重量,满足无人机长时间飞行的需求。

图 5 - 21　采用电推进系统的无人机执行航拍任务

## 5.4.2　动力电机

动力电机(电动机)的主要作用是将电能转化为机械能,利用电能产生驱动转矩作为电器或各种机械装置的动力源。电动机按使用电源不同可分为直流电动机和交流电动机,无人机上采用的电动机主要是直流电动机。直流电动机比较适合高转速的场合,其转速可达14 000 r/min 以上,对速度精度要求也很高。

**1. 直流电动机结构**

直流电动机主要由定子和转子(电枢)两大部分组成,定子、转子之间存在的间隙称为气隙。

定子是电动机的静止部分,主要用来产生磁场,主要包括主磁极、电刷装置、换向极、机座和端盖等,如图 5 - 22 所示。主磁极包括铁芯和励磁绕组两部分。当励磁绕组中通入直流电流后,铁芯中即产生励磁磁通,并在气隙中建立励磁磁场。主磁极总是 N、S 两极成对出现,各主磁极的励磁绕组通常相互串联连接,连接时要能保证相邻磁极的极性按 N、S 交替排列。电刷一般用石墨粉压制而成,其作用是通过电刷与换向器表面的滑动接触,将直流电压、直流电流引入或引出电枢绕组,与换向片配合,完成直流与交流的互换。换向极是位于两个主磁极之间的小磁极,又称附加极,用于产生换向磁场,以减小电流换向时产生的火花,防止电刷和换向器之间出现过强的火花。

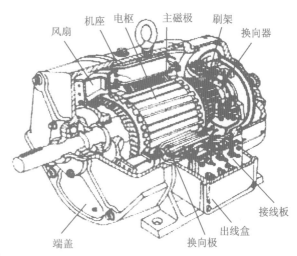

图 5 - 22　直流电机结构组成

转子是电动机的转动部分,转子的主要作用是感应电动势,产生电磁转矩,它是能量转化的枢纽,主要包括电枢绕组、电枢铁芯和换向器等部分。电枢绕组是用绝缘铜线绕制成的线圈按一定规律嵌放到电枢铁芯槽中,并与换向器作相应的连接。电枢绕组是电机的核心部件,电机工作时在其中产生感应电动势和电磁转矩,实现能量的转换。电枢铁芯固定在转子支架或转轴上,其表面有均匀分布的齿和槽,槽中嵌放电枢绕组,是电动机磁路的一部分。换向器的作用是与电刷配合,将直流电动机输入的直流电流转换成电枢绕组内的交变电流,或是将直流发电机电枢绕组中的交变电动势转换成输出的直流电压。

气隙是电动机主磁极与电枢之间的间隙,小型电动机的气隙为 $1\sim3$ mm,大型电动机的气隙为 $10\sim12$ mm。因空气磁阻较大,气隙虽小,但却为电动机磁路的主要组成部分,在电动机磁路系统中有重要作用,其大小、形状对电动机性能有很大影响。

**2. 直流电动机工作原理**

直流电动机的一个重要特点是电枢供电电源是直流电,而在电枢绕组中流过的电流却是交流的。图 5-23 所示为直流电动机的结构示意图,电刷 A 是正电位,B 是负电位,在 N 极磁场范围内的导体 $ab$ 中的电流从 $a$ 流向 $b$,在 S 极磁场范围内的导体 $cd$ 中的电流从 $c$ 流向 $d$。

根据磁场方向和导体中的电流方向,利用左手定则分析,$ab$ 边的受力方向向下,而 $cd$ 边的受力方向则向上。由于磁场是均匀的,导体中流过的又是大小相等的电流,因此,$ab$ 和 $cd$ 两边将分别受到大小相等、方向相反的电磁力 $F$ 的作用,从而使线圈产生电磁力矩并按逆时针方向转动。当线圈转到磁极的中性面时,线圈中的电流等于零,此时电磁力矩也等于零,但由于转子的惯性作用线圈将继续转动。

线圈转过一周后,$ab$ 和 $cd$ 调换位置,$ab$ 转到 S 极范围内,$cd$ 边转到 N 极范围内,但由于换向片和电刷的作用,转到 N 极的 $cd$ 边中的电流也改变了方向,即从 $d$ 流向 $c$,相反在 S 极下的 $ab$ 边中的电流则是从 $b$ 流向 $a$,因此,两边电磁力 $F$ 的方向仍然不变,线圈将继续在电磁力矩的作用下按逆时针方向转动。这样周而复始,线圈就可以通过齿轮或皮带等传动机构,持续不断地带动其他机械部件(如螺旋桨)做功。

无人机使用的动力电机可以分为两类:有刷直流电动机和无刷直流电动机。其中,有刷直流电动机由于效率较低,在无人机领域已逐渐被淘汰。

与其他直流电动机相比,永磁无刷直流电动机体积小、效率高、结构简单,是小功率直流电动机的主要类型。永磁无刷直流电动机是由一块或多块永磁体建立磁场的直流电动机,其特点是取消了一般传统电动机上必不可少的电刷,是一种由电动机主体和驱动器组成的典型的机电一体化产品,可以通过改变电枢电压方便地进行调速。

**3. 直流电动机的技术指标**

电动机的技术指标很多,与无人机动力特性最相关的两个指标是转速和功率。

转速一般用 KV 来表示,其中 KV 是指每伏特(V)能达到的每分钟转速。比如,使用 KV1000 的电机,11.1 V 电池,电动机转速应是 $1\,000\times11.1=11\,100$,即 11 100 r/min;而功率可以根据需要来选择。

电动机的型号主要以尺寸为依据,比如,选用无刷外电子 2208 电机,则它的定子线圈直径是 22 mm,不包括轴的电子线圈长度是 8 mm。图 5-24 所示为可用于多旋翼直升机的型号为 TC-P-2812(2212)-KV940 熊猫无刷电机。

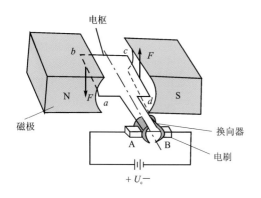

图 5 - 23　直流电动机工作原理　　　　图 5 - 24　TC - P - 2812(2212) - KV940 熊猫无刷电机

无人机使用电动机作为动力具有其他动力装置无法比拟的优点,如结构简单、重量轻、使用方便、可使无人机的噪声和红外特征明显降低,同时又能提供与内燃机不相上下的比功率。电动机尤其适合作为低空、低速、微型无人机的动力。

### 5.4.3　调速控制系统

动力电机的调速系统称为电子调速器,简称电调。针对不同的动力电机,电调可分为有刷电调和无刷电调。电调可以根据控制信号调节电动机的转速。其连接方式是:电调的输入线与电池连接;电调的输出线(有刷两根、无刷三根)与电机连接;电调的信号线与接收机连接。其连接示意图如图 5 - 25 所示。

图 5 - 25　电子调速器与电动机的连接

另外,电调一般有电源输出功能,即在信号线的正负极之间有 5 V 左右的电压输出,通过信号线为接收机及舵机供电。

当前,轻小型无人机使用的电动机普遍为无刷直流电动机,与电子调速器配套使用,具有良好的启动和调速性能,使用方便、环保,而且输出功率不受海拔高度的影响。随着电动机向高可靠性、高比功率、低成本方向不断发展,电子调速器的功率和调速精度也随之不断提高。

## 5.5　太阳能动力装置

太阳能作为一种新兴的可再生能源,一般是指太阳光辐射能量。太阳能无人机是以太阳辐射作为推进能源的飞机。太阳能无人机的能源动力系统一般由太阳能电池组、锂电池、电动机、减速器、螺旋桨和控制装置组成,如图 5-26 所示。太阳辐射的能量密度小,为了获得足够的能量,飞机上应有较大的摄取阳光的表面积,以便铺设太阳能电池,因此太阳能无人机的机翼面积较大,太阳能动力装置一般不能用于微小型无人机。

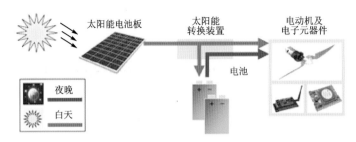

图 5-26  太阳能动力系统的组成

太阳能无人机的工作原理是:白天,依靠机体表面铺设的太阳能电池将吸收的太阳光辐射能转换为电能,维持动力系统、航空电子设备和有效载荷的运行,同时对机载二次电源充电;夜间,太阳能无人机释放二次电源中储存的电能,维持整个系统的正常运行。如果白天储存的能量能满足夜间飞行的需要,则太阳能无人机理论上可以实现"永久"飞行。

太阳能无人机巡航时间长,飞行高度高,覆盖区域广,可以执行多种任务,具有常规飞行器不可替代的优点。太阳能在航空器的应用是我国航空工业重点发展的一个新领域,也是各国航空工业研究的一个新热点。图 5-27 所示为美国的"太阳神"无人机在天空中飞行。

图 5-27  美国的"太阳神"无人机

# 习　题

5-1  试说明往复式活塞发动机的工作原理。

5-2  试分析涡轮喷气发动机的工作过程。

5-3  试分析各类燃气涡轮发动机的适用范围。

5-4  试说明冲压发动机的工作特点。

5-5  试说明电动动力系统的组成及各组成部分的功用。

5-6  试说明太阳能动力装置的工作原理。

# 第6章 无人机任务规划与导航

## 6.1 地图坐标系与数字化地图

无人机在飞行和控制过程中需要准确定位,而定位就需要一个基准,即需要一个特定的坐标系统。地图坐标系的选择关系到无人机航图的使用,本节将介绍几种最常用的坐标系,即世界坐标系(WGS‐84 坐标系)、北京 54 坐标系和西安 80 坐标系。

### 6.1.1 世界坐标系

建立世界坐标系(WGS‐84 坐标系)的一个重要目的是在世界上建立一个统一的地心坐标系。WGS‐84 坐标系是美国国防部研制确定的大地坐标系,是一种协议地球坐标系。WGS‐84 坐标系的定义是:原点 $O$ 在地球的质心,空间直角坐标系的 $Z$ 轴指向 BIH(国际时间局)(1984.0)定义的地极(CTP)方向,即国际协议原点 CIO,它由 IAU(国际天文学联合会)和 IUGG(国际大地测量与地球物理联合会)共同推荐。$X$ 轴指向 BIH 定义的起始子午面和 CTP 赤道的交点 $E$,$Y$ 轴和 $Z$ 轴、$X$ 轴构成右手坐标系,如图 6‐1 所示。

WGS‐84 椭球采用国际大地测量与地球物理联合会第 17 届大会测量常数推荐值,采用的两个常用基本几何参数为:长半轴 $a=6\ 378\ 137$ m,扁率 $f=1/298.257\ 223\ 563$。

一般来讲,GPS 广播星历直接提供的坐标$(B,L,H)$就是 1984 年世界大地坐标系(WGS‐84)的坐标,其中,$B$ 为纬度(过地面点的法线与赤道面之间的夹角),$L$ 为经度(过地面点的子午面与起始子午面之间的夹角),$H$ 为大地高(地面点沿椭球法线至椭球面的距离,即到 WGS‐84 椭球面的高度),如图 6‐2 所示。

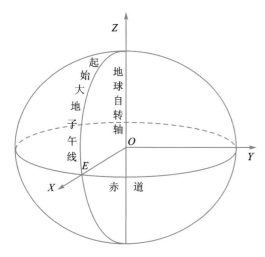

**图 6‐1　WGS‐84 坐标系**

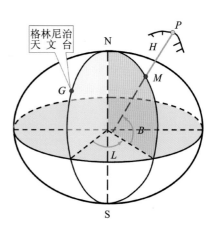

**图 6‐2　GPS 提供的坐标$(B,L,H)$**

### 6.1.2　北京 54 坐标系

北京 54 坐标系是 1954 年将我国大地控制网与苏联 1942 年普尔科沃大地坐标系相联结，以苏联的克拉索夫斯基椭球为基础，经局部平差后产生的坐标系。北京 54 坐标系为参心大地坐标系，大地原点为苏联的普尔科沃天文台。空间直角坐标系的原点在参考椭球的中心，空间直角坐标系的 $Z$ 轴平行于地球质心，指向地极原点 JYD1968.0 方向，$X$ 轴在大地起始子午面内，与 $Z$ 轴垂直并指向经度零方向，$Y$ 轴和 $Z$ 轴、$X$ 轴构成右手坐标系。

北京 54 坐标系采用的克拉索夫斯基椭球的长半轴 $a = 6\,378\,245$ m，扁率 $f = 1/298.3$。北京 54 坐标系大地上的一点可用经度 L54、纬度 M54 和大地高 H54 定位。

### 6.1.3　西安 80 坐标系

1978 年，我国决定建立新的国家大地坐标系统，并且在新的大地坐标系统中进行全国天文大地网的整体平差，这个坐标系统定名为 1980 年西安坐标系（西安 80 坐标系）。西安 80 坐标系属于参心大地坐标系，其大地原点设在陕西省泾阳县永乐镇，椭球短轴 $Z$ 轴平行于地球质心，指向地极原点 JYD1968.0 方向，$X$ 轴在大地起始子午面内，与 $Z$ 轴垂直指向经度零方向，$Y$ 轴和 $Z$ 轴、$X$ 轴构成右手坐标系。

西安 80 坐标系的椭球参数采用 1975 年国际大地测量与地球物理联合会的推荐值，其长半轴 $a = 6\,378\,140$ m，扁率 $f = 1/298.257$。图 6 - 3 所示为我国在陕西省泾阳县永乐镇大地原点中心的标志，其具体位置为：北纬 34°32′，东经 108°55′，海拔高度为 417.20 m。

**图 6 - 3　我国大地原点中心标志**

GPS 的测量结果与我国北京 54 坐标系或西安 80 坐标系的坐标相差几十米至一百多米，随区域不同，差别也不同。经粗略统计，我国西部相差 70 m 左右，东北部相差 140 m 左右，南部相差 75 m 左右，中部相差 45 m 左右。

### 6.1.4　坐标系转换

目前，GPS 技术在飞行器的定位与导航中的应用非常广泛。我国高精度的 GPS 网是采用广播星历在 WGS - 84 椭球上平差的，平差后的大地坐标与大地高是以 WGS - 84 椭球面为起算面的地心系成果，而我国目前使用的大地坐标成果为北京 54 坐标系和西安 80 坐标系成果，因此，要把 WGS - 84 椭球下的空间直角坐标成果（$X$，$Y$，$Z$）与大地坐标成果（$B$，$L$，$H$）转换到北京 54 坐标系和西安 80 坐标系下，才能满足用户对高精度 GPS 网点成果的使用要求，这就需要坐标系之间的转换。

上述三类坐标系之间的差异主要体现在参考的地球椭球体、坐标系原点和基准方向的不同。由于 WGS‐84 坐标系、北京 54 坐标系和西安 80 坐标系的参数是公开的,所以在各大地理信息系统(Geographic Information System,GIS)软件平台上可以进行相互之间的自动转换,一般转换流程如图 6‐4 所示。

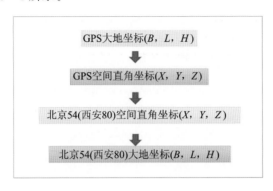

**图 6‐4　坐标系转换流程**

## 6.1.5　数字化地图

无人机在定位、导航、侦察、制导和链路规划等环节中都离不开数字地图的支持。当无人机需要进行任务在线自主重规划时,也离不开机载数字地图的支持。因此,了解一些地图方面的基础知识非常必要。

数字化地图是纸制地图的数字存在,是在一定坐标系统内具有确定的坐标和属性的地面要素和现象的离散数据,是在计算机可识别的可存储介质上概括的、有序的集合。

在计算机技术和信息科学高度发展的今天,仅靠纸制的地图和一些零散的数字地图提供信息已无法满足需要,取而代之的是在飞机、舰船导航、新武器制导、卫星运行测控以及经济建设等各个行业中应用的基于区域性或全国性的数字化地图及各种各样的地图数据库管理系统和地理信息系统。要建立数据库管理系统和地理信息系统首先要解决的问题是地图信息的获取,即数字化地图的生产问题。

数字化地图的种类很多,包括数字线划地图(DLG)、数字格栅地图(DRG)、数字正射影像图(DOM)和数字高程模型图(DEM)等。

**1. 数字线划地图(DLG)**

数字线划地图(Digital Line Graphic,DLG)是现有地形图基础上的各地图要素的矢量数据集,同时还要保存各要素间的空间关系和相关的属性信息。数字线划地图是将每幅经扫描、几何纠正后的影像图对地图要素进行矢量化形成的一种矢量化数据文件,是一种更为方便地放大,并用于漫游、查询、检查、量测、叠加的地图。其数据量小,便于分层,能快速地生成专题地图。这些数据能满足地理信息系统进行各种空间分析的要求,可随机地进行数据选取和显示,任意缩放均不变形,是我国基础地理信息数字成果的主要组成部分。图 6‐5 所示是对532 幅图进行矢量化形成的青岛市数字线划地图。

**2. 数字格栅地图(DRG)**

数字格栅地图(Digital Raster Graphic,DRG)(见图 6‐6)是根据现有纸质、胶片等地形图经扫描、几何纠正及色彩校正后,形成在内容、几何精度和色彩上与地形图保持一致的栅格数

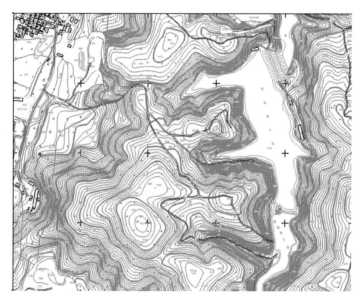

**图 6 - 5　数字线划地图**

据集,其地图地理内容、外观视觉式样与同比例尺地形图一样。数字格栅地图的基本构图单元是格栅(像素),格栅大小决定了地图的分辨率。数字格栅地图可作为背景参照图像与其他空间信息相关,还可与 DOM、DEM 等数据集成使用。

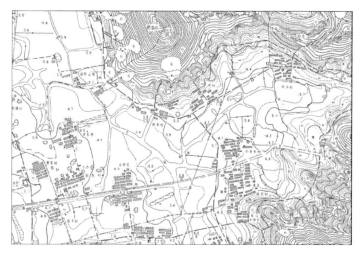

**图 6 - 6　数字格栅地图**

### 3. 数字正射影像图(DOM)

数字正射影像图(Digital Orthophoto Map,DOM)(见图 6 - 7)是以航摄像片或遥感影像(单色/彩色)为基础,经辐射校正、微分纠正和镶嵌,按一定图幅范围裁剪生成的数字正射影像集,它是同时具有地图几何精度和影像特征的图像。DOM 具有精度高、信息丰富、直观逼真、获取快捷等优点,可作为独立的背景层与地名、图廓、公里格网及其他要素层复合,制作各种专题图。

图 6 - 7　数字正射影像图

## 4. 数字高程模型(DEM)

数字高程模型(Digital Elevation Model,DEM)是通过有限的地形高程数据实现对地形曲面的数字化模拟(地形表面形态的数字化表达),它是用一组有序数值阵列形式表示地面高程的实体地面模型。

数字高程模型是 GIS、遥感、虚拟现实、数字化战场等领域进行三维空间数据处理与地形分析的核心数据,可以为武器精确制导、地形匹配、航线设计、地址选择等服务。数字高程模型是现实世界的地面、山川、河流起伏在计算机中的数字化表达,可在计算机中直观反映现实的地貌情况,如图 6 - 8 所示。

图 6 - 8　数字高程模型

# 6.2 任务载荷

无人机的任务载荷是指安装在无人机上的用于完成特定任务的设备或产品。无人机可携带的任务载荷的种类、功能在很大程度上决定了无人机的应用价值。无人机任务载荷一般与侦察、武器投射、通信、遥感或货物有关。根据无人机的用途,无人机的任务载荷大致可分为侦察监视类载荷、通信类载荷和武器弹药类载荷三种类型。

## 6.2.1 侦察监视类载荷

### 1. 光学相机

传统的光学照相机是一种古老的光化作用成像设备,也是最早装在无人机上使用的侦察设备。其最大优点是具有极高的分辨率,但其缺点是需要回收冲洗,不能满足实时情报的军事需要。目前,传统的光学照相机已被现代的数码相机所取代,数码相机使用电荷耦合器件(Charge-Coupled Device,CCD)替代了胶卷进行感光成像,直接生成计算机可以识别的图像文件,从而极大降低了传统相机的使用成本。图6-9所示为"嫦娥二号"卫星研制的立体相机。

**图6-9 "嫦娥二号"采用的CCD立体相机**

### 2. 红外行扫描仪

红外行扫描仪是一种热成像装置,它利用扫描镜收集地面红外辐射,并投射到红外探测器上形成红外图像信号。如果用其调制光源并记录在感光胶片上,就构成红外照相机;也可以用这种红外图像信号调制视频通道,经过数据传输系统发送回地面接收站。前者与光学照相机一样缺乏实时性,后者则可以克服这一缺点。红外行扫描仪属于机载无源探测夜视设备,其最大的优点是能探测地面物体自然的红外辐射而不借助于环境光的照射,因此可进行夜间监视和侦察,不仅自身隐蔽性好,而且不受一般目视伪装的欺骗。红外行扫描仪现已逐渐被前视红外设备所取代,目前已很少在无人机上使用。

### 3. 前视红外设备

前视红外设备(FLIR)即热成像器(TI),是通过光学系统把景物红外辐射成像在红外敏感元件阵列上,并将景物成像变换成视频电信号的一种红外成像探测器。前视红外设备与点源红外探测设备的区别在于：前视红外设备具有较高的空间分辨率，能分辨出景物的各个细节，形成反映景物自身热特征的图像；而点源红外探测设备的空间分辨率很低，仅能把景物（目标）作为一个"光斑"来探测，不能分辨细节。前视红外设备可探测景物自身的红外辐射，无须环境光（包括红外），因此，前视红外设备是目前能在纯暗夜发挥作用的无可替代的夜间无源成像探测器。它对目标自身红外辐射敏感，不会被目视（可见光）伪装和假目标欺骗。图 6 - 10 所示为 F - 15 和 F - 16 战斗机采用的 AAQ - 13 导航吊舱和 AAQ - 14 瞄准吊舱中使用的 FLIR 设备。

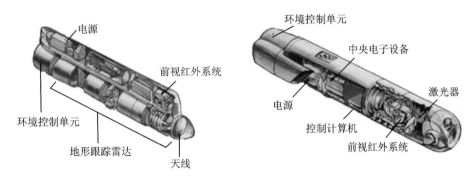

图 6 - 10　AAQ - 13 导航吊舱（左侧）和 AAQ - 14 瞄准吊舱（右侧）

#### 4. 电视摄像机

无人机上使用的电视摄像机都是电荷耦合器件电视摄像机（CCDTV），它是一种用固态的电荷耦合器件代替早期的摄像管作为光电转换成像器件的黑白或彩色摄像机。目前，摄像机一般都采用焦平面阵列电荷耦合器件，而不用线列电荷耦合器件，从而淘汰了光机扫描装置，成为全固态电荷耦合器件电视摄像机。电荷耦合器件电视摄像机的主要优点是体积小、重量轻、功耗低、灵敏度高、抗冲击震动和寿命长，因此在无人机中获得了广泛的应用。例如，在科索沃战争中使用的 7 种无人机中有 6 种采用了电荷耦合器件电视摄像机。其中"捕食者"由于采用彩色电视摄像机发出彩色图像而被给予了很高的评价，如图 6 - 11 所示为"捕食者"采用的彩色电视摄像机。

图 6 - 11　"捕食者"的电视摄像机

**5. 激光雷达**

激光雷达是以发射激光束探测目标的位置、速度等特征量的雷达。激光雷达的波长短,其工作原理是:向目标发射探测信号(激光束),然后将接收到的从目标反射回来的信号(目标回波)与发射信号进行比较,作适当处理后,就可获得目标的有关信息,如目标距离、方位、高度、速度、姿态、甚至形状等参数,从而对飞机、导弹等目标进行探测、跟踪和识别。如图 6 - 10 所示的 AAQ - 14 瞄准吊舱中就配备了激光雷达装置。

**6. 多探测器转塔**

多探测器转塔是把前视红外设备、电视摄像机、激光测距照射器等多种探测器综合进转塔形式的多轴陀螺稳定平台(万向支架)内的无人机多任务电光探测系统。因为各种探测器都有其独特的优点、缺点和应用范围,如果将各种设备进行综合,就可以发挥更大的作用。例如,电视摄像机具有较高的分辨率和彩色图像,但仅适用于昼间使用,而前视红外设备最适于暗夜探测目标,二者相结合就可以取长补短,能够昼夜 24 小时执行监视和侦察任务。但是电视摄像机和前视红外设备都是无源成像探测器,它们不能测量目标距离,如果与激光测距器和激光照射器这种有源精确制导设备相结合,就可以由无源探测系统升级为精确制导武器瞄准系统。

这种探测器还能接受无线电遥控系统和数据传输系统的指令,改变转向,在小视场内观察目标,在大视场内监视战场情况。探测系统通常装在前机身下部,能相对于无人机转动。多探测器转塔广泛应用于直升机和轻型固定翼飞机。由于无人机的有效载荷偏小,一般要求多探测器转塔尽可能体积小、重量轻、功耗低。如图 6 - 12 所示为"捕食者"无人机的多探测器转塔。

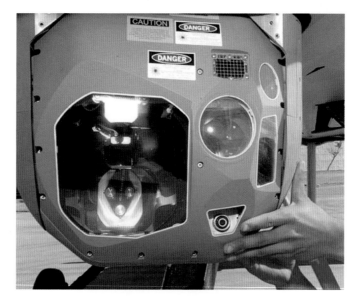

**图 6 - 12 "捕食者"无人机的多探测器转塔**

## 6.2.2 通信类载荷

无人机经常被用于执行通信中继和通信情报任务,这就需要携带相应的通信类载荷。

通信中继无人机利用无人机向其他军用机或陆、海军基地传送图像等信号,一般用安装了超高频和甚高频无线电通信设备的无人机进行中继通信。随着科技的发展,无人机在飞行高度和续航时间等方面都有了很大的提高,与卫星中继相比,无人机具有灵活机动、成本低、维修方便等特点。尤其是在无人机组网通信中,无人机作为中继进行战场通信与卫星作为中继平台相比具有很大的优势。图 6 - 13 所示为德国罗德与施瓦茨公司(Rohde&Schwarz,R&S 公司)的军用超高频(300~3 000 MHz)和甚高频(30~300 MHz)机载无线电通信设备。

**图 6 - 13  超高频和甚高频机载无线电通信设备**

通信情报包括三个方面的内容:对发射源进行定位、接收信号和对接收到的信号进行技术分析。为了达到更高的效率,提高信号的敏感度,可以通过靠近发射源、提高天线效率和使用耦合信息处理技术三种途径来实现。靠近放射源可以明显地提高通信情报的效率,但是越靠近对方的发射源,对无人机平台的威胁就越大。为了提高天线效率,美国空间研究实验室对将整个飞行器的机翼都作为通信天线的情况进行了研究,该方式大大提高了无人机接收微弱信号的能力。耦合信息处理技术通过使用自身发射的方式对接收到的微弱信号进行耦合叠加,放大该信号,可以达到增强清晰度的目的。

### 6.2.3  武器弹药类载荷

对于执行攻击和作战任务的无人飞机,武器弹药类载荷是其必不可少的装备,下面介绍几种无人机常用的武器弹药装备。

**1. 联合直接攻击弹药(JDAM)**

联合直接攻击弹药(Joint Direct Attack Munition,JDAM)的中文名称为"杰达姆",这种炸弹尾部安装了 GPS 全球卫星定位系统,能够在任何天气情况下精确命中目标,不像一般的激光制导武器容易受到云、雾以及其他恶劣天气的限制。"杰达姆"能从距离目标 24 km 的高度投下,并在 GPS 的矫正下精确地击中目标。图 6 - 14 所示为美制 GBU - 32 型 JDAM 精确制导炸弹。

**2. 小直径炸弹(SDB)**

小直径炸弹(Small Diameter Bomb,SDB)是美国航空武器中心和空军研究试验室牵头开发的一种新型武器。SDB 的体积是空军现役最小型炸弹的一半,可使飞机携带更多的弹药,攻击指挥控制掩体、防空设施、飞机跑道、导弹阵地、火炮阵地等多种目标。它是美军重点发展的精确制导武器之一,也是美空军全球打击部队的重要机载武器。

**图 6 - 14　美制 GBU - 32 型 JDAM 精确制导炸弹**

　　图 6 - 15 所示为 GBU - 39 小直径炸弹,质重为 250 磅[①],直径为 0.19 m,长为 1.8 m。GBU - 39 的长度与 GBU - 32 型精确制导炸弹相同,但直径却小得多,它对钢筋混凝土的侵彻深度为 1.83 m。GBU - 39 采用先进的抗干扰全球定位系统辅助惯性制导(AJGPS/INS)。由于此种炸弹体积小、重量轻,每架战机可携带更多的炸弹,因此,每个飞行架次能比以前攻击更多的目标。

**图 6 - 15　挂架上的 GBU - 39**

**3. 空对地导弹**

　　美国"捕食者"无人机装载的 AGM - 114"海尔法/地狱火"导弹,是由美国洛克威尔国际公司为美国陆军研制的反坦克导弹,在历次局部战争,特别是在海湾战争中发挥了重要的作

---

① 1 磅 = 0.454 kg

用。AGM-114导弹是一种多平台、多目标导弹,可以从海、陆、空中发射,攻击海上或陆地上带有装甲机动的目标,有多种改进型号在役,具有发射距离远、精度高、威力大等优势;AGM-114采用激光制导,抗干扰能力强,无须目标照射保障设备。图6-16所示为AGM-114"海尔法"机载导弹。"海尔法"机载反坦克导弹采用模块式设计,可根据战术需要和气象条件选用不同制导方式,配备不同的导引头。其中有一种射频/红外导引头,专门用于对付配有雷达的防空导弹、高射炮武器系统。

图6-16　AGM-114"海尔法"机载导弹

### 4. 激光制导和卫星制导武器

目前,无人作战飞机正在向重型化方向发展。这些无人机将承担远程战略打击和攻击对方高价值战略目标的任务,因此需要威力更大的精确武器系统。激光和卫星制导武器是此类无人作战飞机的重要装备。图6-17所示为美国空军的MQ-9A无人作战飞机,其翼下共有4个挂架,其中两个挂架属于复合挂架,整机可以挂载6枚武器。MQ-9的挂载武器可以在

图6-17　MQ-9无人机挂载的6枚武器

GBU-12"宝石路2"激光制导炸弹、AGM-114"地狱火"空地导弹、GBU-38"杰达姆"卫星制导炸弹和AIM-9空空导弹中进行组合,以执行不同的攻击任务。

# 6.3 任务规划

## 6.3.1 任务规划的概念与内容

无人机任务规划(Mission Planning)是指在地面对无人机完成指定任务所要经历的航线、目标区域、作战方式等内容的设定与统筹管理。任务规划的主要目的是依据地形信息和执行任务的环境条件信息,综合考虑无人机的性能、到达时间、耗能、威胁以及飞行区域等约束条件,为无人机规划出一条或多条自出发点到目标点的最优或次优航迹,保证无人机高效、圆满地完成飞行任务,并安全返回基地。

由于是无人驾驶,因此,无人机对任务规划的要求更为严格,需要更为详细的飞行航迹信息、作战目标和任务执行信息。无人机任务规划是实现自主导航与飞行控制的有效途径,它在很大程度上决定了无人机执行任务的效率。无人机任务规划需要实现以下功能:

① 任务载荷规划:充分考虑无人机自身性能和携带的载荷类型,可在多任务、多目标情况下,协调无人机及其载荷资源之间的配合,在最短的时间内以最小的代价完成既定任务。

② 航路规划(或航迹规划):在使无人机避开限制风险区域以及油耗最小的原则下,制定无人机的起飞、着陆、接近监测点和监测区域、离开检测点、返航及应急飞行等任务过程的飞行航迹。

③ 数据链路规划:根据频率管控要求及电磁环境特点,制定不同飞行阶段测控链路的使用策略规划,包括视距和卫星链路的选择、链路工作频段、频点、使用区域、使用时段、功率控制以及控制权交接等。

④ 应急处置规划:规划不同任务阶段的突发情况处置,针对性规划应急航路、返航航路、备降机场及链路问题应急处置等内容。

⑤ 任务推演与评估:能够实现飞行仿真表演、环境威胁表演、监测结果演示。可在数字地图上添加飞行路线,仿真飞行过程,检验飞行高度、油耗等飞行指标的可行性;可在数字地图上标志飞行禁区,使无人机在执行任务过程中尽可能避开这些区域;可进行基于数字地图的合成图像计算,显示不同坐标与海拔位置上的地景图像,以便地面操作人员为执行任务选取最佳方案。

⑥ 数据生成加载:能够将航路规划、载荷规划、链路规划和应急处置规划等内容和结果自动生成任务加载数据,并通过数据加载卡或无线链路加载到无人机相关的功能系统中。

无人机任务规划系统的功能模块如图6-18所示。

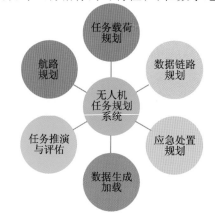

图6-18 无人机任务规划系统的功能模块

## 6.3.2　任务规划的流程和方法

### 1. 任务规划的约束条件

无人机任务规划需要考虑以下约束条件：

（1）飞行环境限制

无人机在执行任务时，会受到如禁飞区、障碍物、险恶地形等复杂地理环境的限制，因此在飞行过程中，应尽量避开这些区域，可将这些区域在地图上标志为禁飞区域，以提升无人机的工作效率。此外，飞行区域内的气象因素也将影响任务效率，应充分考虑大风、雨雪等复杂气象条件下的预测与应对机制。

（2）飞行参数限制

无人机飞行参数对飞行航迹的限制包括以下几点：

① 最小转弯半径：由于无人机飞行转弯形成的弧度将受到自身飞行性能限制，无人机只能在特定的转弯半径范围内转弯。

② 最大俯仰角：限制了航迹在垂直平面内上升和下滑的最大角度。

③ 最小航迹段长度：无人机飞行航迹由若干个航点与相邻航点之间的航迹段组成，在航迹段飞行途中沿直线飞行，而到达某些航点时有可能根据任务要求而改变飞行姿态。最小航迹段长度是指限制无人机在开始改变飞行姿态前必须直飞的最短距离。

④ 最低安全飞行高度：限制通过任务区域最低飞行高度，防止飞行高度过低而撞击地面，导致坠毁。

（3）飞行任务要求限制

无人机具体执行的飞行任务主要包括到达时间和目标进入方向，需要满足如下要求：

① 航迹距离约束，限制航迹长度不大于预先设定的最大距离。

② 固定的目标进入方向，确保无人机从特定角度接近目标。

### 2. 任务规划的流程

任务规划一般从接受任务开始，根据任务人工选择几个航迹点，并对这些航迹点进行检验和调整，使之满足各种约束条件的需求。选择优化准则（如最短路径分析）由计算机辅助生成飞行航线。用检验准则检验航线上的每个点，若全部通过，则找到了一条可用的航线。无人机任务规划系统的流程图如图 6-19 所示。

在日趋复杂的现代战场环境下，战术任务具有多重性与复杂性，单架无人机作战效能是有限的。为增强无人机的任务成功率，实现无人机作战的优势互补，采用多架无人机协同作战已成为必然选择。在此种情况下，多无人机协同作战任务规划将成为任务规划的一个新的方向。多无人机协同作战任务规划即指在无人作战规划与方案生成过程中，集规划、仿真、评估为一体的多功能系统，通过系统运筹、合理规划，使得多批次、多种类的无人机协调配合，充分发挥自身功能，科学利用作战资源，完成作战任务，从而获得整体最佳的作战效能。图 6-20 所示为一种多无人机任务规划系统的模块构成图。

### 3. 任务规划的方法

任务规划从实施时间上划分，可以分为预先规划（预规划）和实时规划（重规划）两种类型。就任务规划系统具备的功能而言，任务规划可包含航路规划、任务分配规划、数据链路规划与系统保障和应急预案规划等，其中航路规划是任务规划的主体核心。

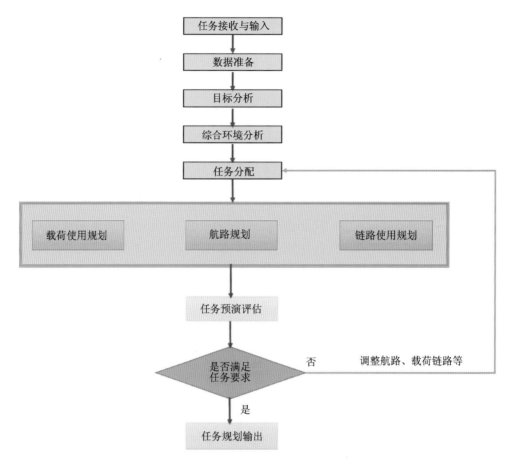

**图6-19 任务规划系统的流程图**

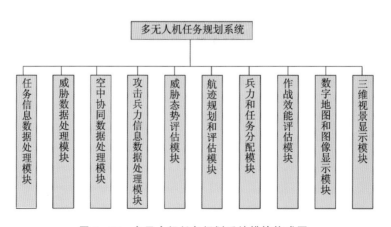

**图6-20 多无人机任务规划系统模块构成图**

（1）预先规划

预先规划是在无人机执行任务前，由地面控制站根据综合任务要求、地理环境和无人机任务载荷等因素进行规划，其特点是约束和飞行环境给定，规划的主要目的是通过选用合适的算法谋求全局最优的飞行航迹。

　　早期的无人机任务规划是基于程序控制的计算机辅助规划,也称手动规划,是一种简单的任务规划方法。任务规划人员根据情报信息和任务要求,以计算机程序为辅助分析手段,确定出无人机应飞的航线、航路点的属性、目标属性和载荷配置等要素,并通过地面检测设备或数据链路,将这些规划要素输入飞行控制计算机,无人机根据这些预定的规划要素飞行和完成任务。

　　(2)实时规划

　　如果预先具备完整精确的环境信息,可一次性规划自起点到终点的最优航迹。而实际情况很难保证获得的环境信息不发生变化,另外,由于任务的不确定性,无人机常常需要临时改变飞行任务。在环境变换区域不大的情况下,可通过局部更新的方法进行航迹的在线实时规划(重规划);而当环境变化区域较大时,无人机任务规划系统则必须具备在线实时规划的功能。

　　实时规划是在无人机飞行过程中,根据实际的飞行情况和环境的变化制定出一条可飞航迹,包括对预先规划的修改以及选择应急方案,其特点是约束和飞行环境实时变化。任务规划系统需要综合考量威胁、航程、约束等多种条件,采用快速航迹规划算法生成飞行器的安全飞行航迹。任务规划系统需要具备较强的信息处理能力,并具有一定的辅助决策能力。

## 6.3.3　航路规划

　　无人机航路规划是任务规划的核心内容,需要综合应用导航技术、地理信息技术以及远程感知技术,以获得全面详细的无人机飞行现状以及环境信息,结合无人机自身技术指标特点,按照一定的航路规划方法,制定最优或次优的路径。因此,航路规划需要充分考虑数字化地图(或电子地图)的选取、标绘,航路预先规划以及在线调整时机等。

### 1. 电子地图

　　电子地图在无人机任务规划中起的作用是显示无人机的飞行位置,画出无人机飞行航迹,标注规划点以及显示规划航迹等。一般情况下,电子地图可以直接安装于无人机地面控制站中,选取合适的地图插件,可与地面站软件进行较好的集成。图 6 - 21 所示为无人机地面控制站地图软件显示的飞行信息。

**图 6 - 21　控制站地图软件显示的飞行信息**

地面站电子地图显示的信息可分为三方面：

（1）无人机位置和飞行航迹。

（2）无人机航路规划信息。

（3）其他辅助信息，如图元标注等。其中，图元标注是完成任务的一项重要的辅助性工作，细致规划的图元标注将大幅度提升飞行安全性和任务完成质量。图元标注主要包括以下几方面的信息。

① 场地标注：主要包括起飞场地标注、着陆场地标注、应急场地标注，为操作人员提供发射与回收以及应急迫降的区域参考。

② 警示标注：主要用于飞行区域内重点目标的标注，如建筑物、禁飞区、人口密集区等易影响飞行安全的区域。

③ 任务区域标注：无人机侦察监测区域应预先标注，主要包括任务区域、范围、侦察监测对象等。

由于加载的电子地图与实际操作时的地理位置信息可能有偏差，需要在使用前对地图进行校准。无人机在特定区域内执行任务时，只须首次对该区域地图进行校准，此后在该区域执行任务时，直接调用已校准的地图即可。

**2. 航路规划**

航路规划一般分为两步：首先是飞行前预规划，即根据既定任务，结合环境限制与飞行约束条件，从整体上制定最优参考路径；然后是飞行过程中的重点规划，即根据飞行过程中遇到的突发状况，如地形、气象变化、未知的限飞和禁飞因素等，局部动态地调整飞行路径或改变动作任务。

一个完整的航路规划系统通常由以下几个部分组成：地形数据处理模块和检测信息处理模块、路径生成模块以及路径优化处理模块。其中，地形数据处理模块将规划并综合处理区域内的各种地形信息，为航路规划提供必要的模型。路径生成模块，通过一定的规划算法，生成从起点到终点的一系列航迹。路径优化模块将生成的航迹进行优化处理，使路径平滑可飞。航迹规划涉及的主要问题包括环境模型的建立、约束条件和规划算法的选取。

在航迹规划过程中，对地形、环境信息的处理是进行规划的前提，它直接决定了规划路径的质量。常用的处理这类信息的做法是构造数字地图，在规划前需要对航拍等方式获取的地形信息进行处理，确定地形的方差、均值、粗糙度和相关程度等。在飞机进行地形跟随飞行时，针对孤立的山峰和障碍物，考虑飞机纵向机动性的限制，对这类地形进行平缓处理。图 6-22 所示为无人机飞行过程中根据三维数字地图规划出的最有效的飞行线路。

在执行任务的过程中，为了使完成任务的效率更高，需要多个无人机之间相互配合，这就涉及多机协同航迹规划技术。多机协同航迹规划是为了确定每一架无人机的飞行路线，防止空中碰撞事故，并在尽可能少的时间内以最小整体代价函数到达目标。

在无人机协同航迹规划中，到达目标的时间是一个非常重要的评估指标。为了使无人机能够同时到达目标，一般采用以下两种方式：一种是通过协同无人机的飞行速度使到达目标较短路径的无人机采取小的速度，使较长路径的无人机速度加大；另一种是对航路做一些修正，通过附加一些路径使每架无人机到达目标点的距离大致相等。

如图 6-23 所示为多机协同航路规划的过程，以同时到达协调航路规划问题为例，两架无人机编队实施同步攻击，图中虚线为预先规划好的航路，以保证两架无人机有相同的预计到达

图 6 - 22　无人机根据地图规划的飞行线路

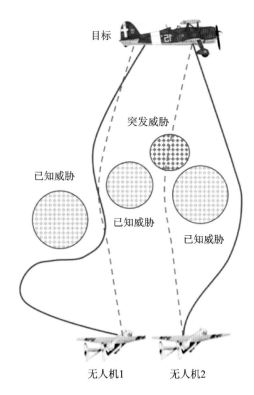

图 6 - 23　多机协同航路规划

时间(Estimated Time of Arrival,ETA)。无人机 1 和无人机 2 沿各自的航路飞行,当无人机 2 探测到新的威胁时,当前的航路不再是最优航路(可能被攻击)。此时,必须重新计算编队协调飞行时间,并重新规划航路。图中实线为新生成的航路,它们将保证整个编队具有新的 ETA。显然,新的航路对于无人机 1 来说是次优的,但对于整个编队来说,它能使整个编队都能安全、同时到达目标点实施同步攻击。

在多机协同航路规划问题中,求解无人机整体最优航路是一个大系统的非线性最优化问题,它的计算复杂,对信息快速处理要求苛刻。目前,该项技术还处于理论研究阶段,离实际应用还有一段距离。

另外,制定任务规划时还要考虑异常紧急措施,即应急航线。其主要目的是确保飞机安全返航,规划一条安全返航通道和应急迫降点以及航线转移策略(从航线上的任意点转入安全返航通道或从安全返航通道转向应急迫降点或机场)。

# 6.4　无人机通信链路

除航路规划外,链路规划也是无人机任务规划的重要内容。无人机与地面站之间完全依赖无线链路进行信息的交互和控制,失去链路的无人机就像断了线的风筝,会完全失去控制。

## 6.4.1　无人机链路的组成

### 1. 数据链路的基本组成

无人机数据链路的基本组成如图 6-24 所示。系统由机载设备和地面设备组成。机载设备也称机载数据终端,包括机载天线、遥控接收机、遥测发射机、视频发射机和终端处理机等。地面设备包括由天线、遥控发射机、遥测接收机、视频接收机和终端处理机构成的测控站数据终端,以及操纵和监视设备。其中,测控站的终端处理机完成遥控指令的编码和基带调制、遥测数据的基带解调和解码以及测距信号的形成和距离数据的产生,机载终端处理机完成遥控数据的基带解调和解码、遥测数据的编码和基带调制以及测距信号的同步。

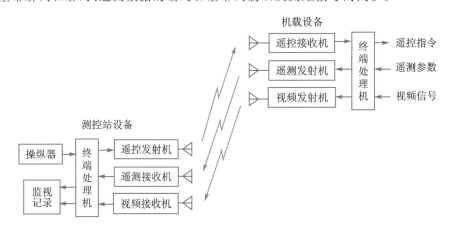

**图 6-24　无人机数据链路基本组成**

无人机数据链路的通信传播示意图如图 6-25 所示。

### 2. 数据中继链路

上面描述的是无人机数据链路系统的基本组成。对于长航时无人机而言,为克服地形阻挡、地球曲率和大气吸收等因素的影响,延伸链路的作用距离,可以在无人机和地面测控站之间增加一个或几个中继站。中继站包括地面中继站、空中中继站和卫星中继站几种形式。

（1）地面中继数据链路

地面中继无人机数据链路由机载设备、地面中继设备和地面测控站设备组成。地面中继方式主要用于克服地形阻挡，当地面测控站与无人机之间由于地形阻挡而不能实现无线电通视时，可在与无人机和地面测控站都能通视的地方设置一个地面中继站，实现地面中继测控与信息传输。中继站设置在地面，一般不考虑采用无人值守的方式，因此中继站除了起中继转发作用外，也是一个地面测控站，也就是说地面中继站实际上是在

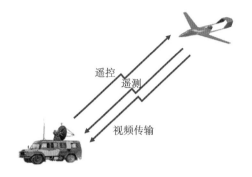

图 6-25　通信传播示意图

一个地面测控站的基础上增配了相应的中继收发设备。中继站可以与地面测控站相同规模，也可以是具有更好机动性的小型站，便于布置在地形较高的位置。图 6-26 所示是地面中继数据链路示意图。

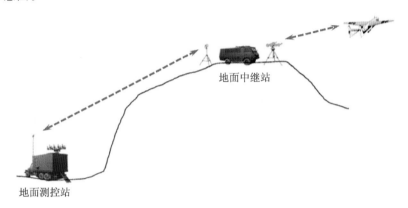

图 6-26　地面中继数据链路示意图

（2）空中中继数据链路

空中中继无人机数据链路由机载设备、空中中继设备和测控站设备组成。空中中继方式也可以用于克服地形阻挡，但更多的是用于延伸作用距离。当地面测控站与无人机之间由于地形阻挡或距离太远而不能实现无线电通视时，可在与无人机和地面测控站都能通视的空中平台上设置一个中继站，实现空中中继测控与信息传输。可以用做空中中继平台的飞行器有无人机、有人机、飞艇和气球等，如图 6-27 所示。空中中继方式的作用距离受到空中中继平台高度和机载天线尺寸的限制，当一次中继不能满足要求时，可考虑采用多级中继。

（3）卫星中继数据链路

卫星中继无人机数据链路由机载设备、卫星转发设备、测控站设备组成。图 6-28 所示为卫星中继数据链路示意图。

卫星中继是延伸作用距离，实现对无人机超视距远距离测控与信息传输的最有效方式。适用于作为中继平台的卫星一般是地球同步卫星，具有传输容量大、覆盖范围宽、连续性好的特点，但由于机上要安装一定尺寸的跟踪天线，一般只适合于大型无人机，如图 6-29 所示为MQ-9"死神"无人机上的卫星天线。卫星中继数据链路如果采用近地轨道卫星组成多卫星平台，则其可适用于小型无人机，但传输容量较小。

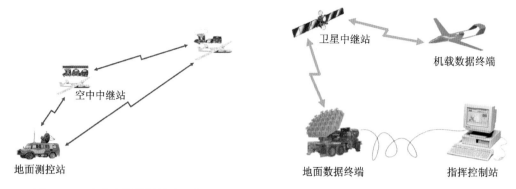

图 6-27　空中中继数据链路示意图　　　　　图 6-28　卫星中继数据链路示意图

图 6-29　MQ-9"死神"无人机的卫星天线

卫星中继无人机数据链路的作用距离取决于卫星上转发天线波束的覆盖范围。当一次中继不能满足要求时,可考虑采用多级中继。

无人机数据链路系统数据传输框图如图 6-30 所示。

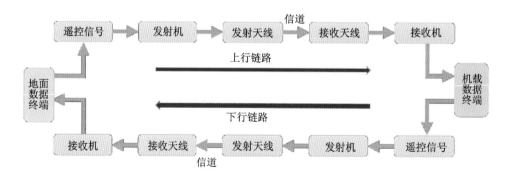

图 6-30　无人机数据链路系统数据传输框图

## 6.4.2 链路信道传输特性

信息传输是无人机完成任务的关键,任务信息传输质量的好坏直接关系到发现和识别目标的能力,任务信息需要比遥控和遥测数据高得多的传输带宽,一般要几兆赫,甚至高达上百兆赫。通常,任务信息传输和遥测可共用一个下行信道。

**1. 链路信道**

无人机地空数据传输过程中,无线信号会受到地形、地物以及大气等因素的影响,引起电波的反射、散射和绕射,形成多径传播,并且信道会受到各种噪声干扰,造成数据传输质量下降。在测控通信中,无线传输信道的影响随工作频率的不同而异,因此,首先需要了解无人机测控使用的主要频段。

无人机测控链路可选用的载波频率范围很宽。低频段设备成本较低,可容纳的频道数和数据传输速率有限;而高频段设备成本较高,可容纳较多的频道数和较高的数据传输速率。无线电波的频率范围可按频段和波段划分,如表 6-1 所列。

**表 6-1 无线电频段划分**

| 序 号 | 频段名称 | | 频率范围 |
|---|---|---|---|
| 1 | 高频(HF)(短波) | | 3~30 MHz |
| 2 | 甚高频(VHF)(超短波) | | 30~300 MHz |
| 3 | 特高频(UHF)(分米波) | | 300~1 000 MHz |
| 4 | 特高频 | L | 1~2 GHz |
| 5 | | S | 2~4 GHz |
| 6 | 超高频(SHF)(厘米波) | C | 4~8 GHz |
| 7 | | X | 8~12 GHz |
| 8 | | Ku | 12~18 GHz |
| 9 | | K | 18~27 GHz |
| 10 | 极高频(EHF)(毫米波) | Ka | 27~40 GHz |
| 11 | | V | 40~75 GHz |
| 12 | | W | 75~110 GHz |
| 13 | | — | 110~300 GHz |

无人机链路应用的主要频段为微波(300 MHz~3 000 GHz),这是因为微波链路有更高的可用带宽,可传输视频画面,而且它所采用的高带宽和高增益天线抗干扰性能良好。不同的微波段适用于不同的链路类型,一般来说,VHF、UHF、L 和 S 波段较适用于低成本的近程、短程无人机视距链路,C、X 和 Ku 波段适用于短程、中程和远程无人机视距链路和空中中继链路,Ku 和 Ka 波段适用于中程、远程无人机的卫星中继链路。

**2. 视距通信链路**

超短波,特别是微波,频率很高,波长很短,没有绕射功能,所以两个微波天线只能在可视(中间无物体遮挡)的情况下才能正常通信。无人机链路为微波通信,须满足视距传播的条件。

视距传播是指在发射天线和接收天线之间能相互"看见"的距离内,电波直接从发射点传播到接收点的一种传播方式,"视距"在通信中用以描述电波的可达性。

按传播方式不同,视距传播可分为以下两类:第一类是直射波传播,即指由发射天线辐射的电波,像光线一样按直线行进,直接传到接收点的传播方式。第二类是地波(地表面波)传播,即指由发射天线发射、经地面反射到达接收点的传播方式。微波的地表面波衰减很快,因此,不能依靠大地反射波作较远距离的传播,而主要由直射波来传播。无人机链路的视距传播主要指的是第一种情况。

对无人机而言,不管是地面站与无人机直接通信,还是地面站通过卫星中继与无人机通信,都采用的是视距通信的方式,只不过直接通信时使用了一条视距链路,而卫星中继通信时采用了两条视距链路的组合,参见图 6－28。

# 6.5 无人机导航方法

导航是把飞行器从一个地方沿着一定的航迹引导到目的地的过程。目前常用的飞行器导航方式有无线电导航、惯性导航、卫星导航、图像匹配导航、天文导航及组合导航。

## 6.5.1 无线电导航

通信、广播、电视等利用无线电波传递信息的技术已得到广泛应用。无线电导航系统的任务是由地面导航台发射一定的无线电波,在飞行器上通过接收设备,测定飞行器相对于导航台的方位、距离等参数,以确定飞行器的导航信息,并通过显示系统提供给飞行员(操作员)作飞行参考,或通过电气信号提供给自动驾驶系统,完成航向/航线修正、自动着陆等导航任务。

无线电导航使用的无线电波是直接传播或通过大气电离层反射传播的,它们很少受气候条件的限制,并且作用距离远、精度高、设备简单可靠,所以是飞行器导航的主要技术手段之一。尤其是在夜间或复杂气象条件下,无线电导航设备是保证飞行器安全着陆的必不可少的导航工具。

下面以全向信标导航系统为例,说明无线电导航的导航原理。

全向信标导航系统(简称 VOR)是一种近距甚高频测向导航系统,它由地面导航台向飞行器提供以导航台北向子午线为基准的方位信息,或为飞行器提供一条"空中道路",以引导飞行器沿预定的航道飞行。也可以预先把沿航线的各 VOR 导航台的地理位置、发射频率、应飞的航道等信息输入飞行管理系统和自动驾驶系统,飞行器按输入的数据顺序自动飞向目的地。

全向信标系统由全向信标台和机上接收系统组成。由地面全向信标台发射的电波幅度是变化的(称为调幅),幅度的变化规律受两个低频余弦信号控制。其一称为基准相位信号 $R$,在所有方向上都同时达到最大值;而另一个称为可变相位信号 $V$,在正北方与基准相位信号同时达到最大值(相位差为 $0°$),而在其他方向,它与基准相位信号的相位差与所在的方位角相一致,如图 6－31 所示。飞行器上的接收系统接收来自导航台的信号后,测量出基准相位信号与可变相位信号之间的相位差,就可以确定出飞行器位于地面导航台哪个方位了。

## 6.5.2 惯性导航

惯性导航是通过测量飞行器的加速度,经运算处理得到飞行器当时的速度和位置的一种综合性导航技术。

图 6－32 所示为二自由度惯性导航原理图。飞行器上装有陀螺平台,这个平台始终平行

于当地的水平面。陀螺平台上沿南—北方向放置一个加速度计 $a_y$,沿东—西方向放置另一个加速度计 $a_x$,飞行的起始点作为原点。飞行器开始飞行后,两个加速度计可随时测量出飞行器沿南—北方向和东—西方向的直线加速度,然后经过运算处理得到飞行器当时的速度和位置。

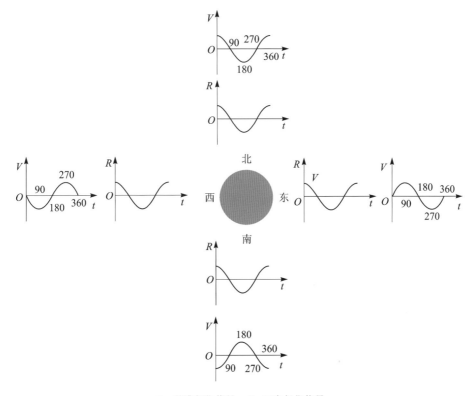

R—基准相位信号； V—可变相位信号

**图 6 - 31　全向信标系统的基准相位信号和可变相位信号**

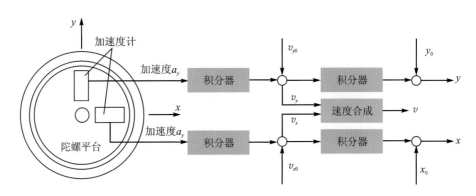

**图 6 - 32　平台式二自由度惯性导航原理图**

　　上述二自由度导航用的是直角坐标系,是假设地球表面是平面得出的结果。实际上地球是一个椭球,飞行器的位置是用经纬度表示的,因此实际的导航系统中经过换算,给出的飞行器位置是经纬度坐标(如东经 116°,北纬 39°)。另外,如果是三轴惯性导航系统,还会给出高度参数信息。

因为惯性导航系统仅靠安装在飞行器内的设备就可以完成对飞行器的导航,工作时不依赖于外界信息,也不向外界辐射能量,因此不易受到外界干扰,隐蔽性也很强,是一种完全自主的导航方式。惯性导航系统的主要缺点是:由于导航信息通过积分而获得,每次使用之前初始状态的校准非常重要,而且导航定位误差也会随时间的增加而增大,长时间导航会影响导航精度。

为了提高导航精度,解决的途径主要有两个:一是提高设备元器件的制造精度,这样设备的价格也会大大提高;二是和其他导航技术组合应用进行组合导航,在惯性导航工作一段时间后再用其他的导航技术对其进行校正,进一步提高导航精度。

由于惯性导航系统工作不受时间、空间的限制,可全天候、全球地工作于空中、地球表面甚至水下。惯性导航系统广泛应用于各类飞行器,如军用飞机、民用飞机、弹道导弹、运载火箭等都装有惯性导航系统。

### 6.5.3  卫星导航

卫星导航系统发展于 20 世纪 60 年代,是一种特殊的无线电导航系统,它用专用的导航卫星取代地面导航台发射导航信息。因为卫星位置高,信号覆盖面广,因此,可以实现全球导航定位。其基本的导航原理是:利用导航卫星发射的无线电信号,求出飞行器相对卫星的位置,然后再根据已知的卫星相对地面的位置,计算出飞行器在地球上的位置。卫星导航可提供飞行器的纬度、经度、高度、精确时间、地速等信息。目前世界上性能最好、能够保证全球实时定位,且功能最完备的卫星导航系统是美国的卫星全球定位系统,简称 GPS。另外还有俄罗斯的全球导航卫星网(Glonass)、欧洲空间局(ESA)的"伽利略"导航卫星系统和中国的"北斗"导航定位卫星系统。下面以美国的 GPS 卫星导航系统为例说明卫星导航系统的组成和定位原理。

**1. GPS 系统的组成**

美国的 GPS 导航系统由导航卫星、地面站组和用户设备三部分组成。

(1)导航卫星

GPS 系统共有 24 颗导航卫星,分布在与地球赤道成 55°夹角的六个轨道平面内,轨道高度约 20 000 km,每条轨道上有 4 颗卫星,每颗卫星的运行周期约 12 h,如图 6-33 所示。这样的卫星分布能保证在任一时刻,在地球表面周围任一位置的地平线上仰角 7.5°的空间范围

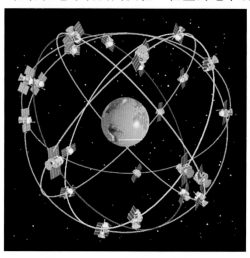

**图 6-33  GPS 导航卫星分布图**

内,至少有 4 颗导航卫星。导航卫星的工作频率在 2 200~2 300 MHz,它们每隔一秒向地面播发一次卫星星历,星历内容包括卫星的编号、发射该条星历的时刻、卫星在该时刻的位置(在大地坐标系中的三个坐标值)以及其他修正和加密编码等信息。

(2)地面站组

地面站组包括 4 个监控站、一个上行注入站和一个主控站。监控站监测卫星及气象等数据,并经初步处理后送至主控站。主控站汇集所有数据后进行运算处理,计算出卫星运行轨道参数的变化、各卫星原子钟的校正增量、大气层对电波传播的校正增量等,编成导航电文送到注入站。注入站每天一次向各卫星注入导航电文。

(3)用户设备

用户设备包括 GPS 接收机和接收天线。接收机通过天线接收卫星信号,经运算处理,输出导航信息供在导航显示器上显示或为自动驾驶系统提供导航参数。

**2. GPS 系统的定位原理**

用户的接收机接收到卫星的星历后,根据自身的时钟确定信号到达的时间。由于卫星发出信号的时刻是已知的,因此根据信号的到达时间,即可确定卫星到用户的距离。由于卫星上是精度很高的原子钟,而接收机中是精度较低的石英钟,接收机的时钟与高精度的导航卫星系统时钟存在着差异,这一差异称为钟差 $\Delta t$。由于钟差的存在,以接收机时钟为基准,根据卫星信号到达时间计算出的卫星到用户的距离与实际距离不同,这一距离称为伪距。接收机可在视界内接收所有可见导航卫星的信号,并从中选出信号最佳的四颗,根据信号到达的时间确定用户到四颗卫星的伪距。如图 6-34 所示,在以地心为原点的坐标系中,假设用户的未知坐标为 $(x,y,z)$,已知第 $i$ 颗卫星的位置坐标为 $(x_i,y_i,z_i)(i=1,2,3,4)$,用户测定的到卫星的伪距为 $\rho_i$,用户到卫星的真实距离为 $r_i$,钟差为 $\Delta t$。则

$$\rho_i = r_i + c\Delta t$$

或
$$\sqrt{(x-x_i)^2+(y-y_i)^2+(z-z_i)^2}=\rho_i-c\Delta t \tag{6-1}$$

式中,$c$ 为光速,$c \approx 3\times10^8$ m/s。

同时接收 4 颗卫星的信号,令 $i=1,2,3,4$,解上面 4 个方程,即可求出 $x,y,z$ 和 $\Delta t$ 这 4 个未知数,从而确定用户的位置。

GPS 系统是一种高精度的导航系统,其定位精度一般小于 10 m。如果通过其他一些技术,如在一些已知地点设置 GPS 接收机,根据 GPS 测量结果与已知地点坐标的误差,对该地点附近使用同类 GPS 接收机的用户得到的测量结果进行修正(GPS 差分技术),对于运动速度不大的用户,其定位精度可达厘米级。GPS 系统除提供位置外,还具有时钟校准(授时精度在微秒级)、三维速度测量(精度约 0.2 m/s)等功能。GPS 系统可全天候工作,用户数量不受限制,用户设备是被动式工作(只接收,不发射)的,便于隐蔽。

## 6.5.4 图像匹配导航

地球表面的山川、平原、森林、河流、海湾、建筑物等构成了地表特征形状,这些信息一般不随时间和气候的变化而改变,也难以伪装和隐藏。利用这些地表特征信息进行的导航方式称为图像匹配导航。

图像匹配导航系统需要在导航前预先将飞行器经过的地域,通过大地测量、航空摄影、卫星摄影或已有的地形图等方法将地形数据(主要是地形位置和高度数据)制成数字化地图(称

为原图,见图 6-35),存储在飞行器的计算机中。飞行器在飞越已经数字化的预定空域时,其上的探测设备再次对该区域进行测量,取得实际的地表特征图像,这种图像称为实时图。将实时图与预先存储的原图进行比较,由此可以确定飞行器实际飞行的地理位置与标准位置的偏差,用以对飞行器进行导航。

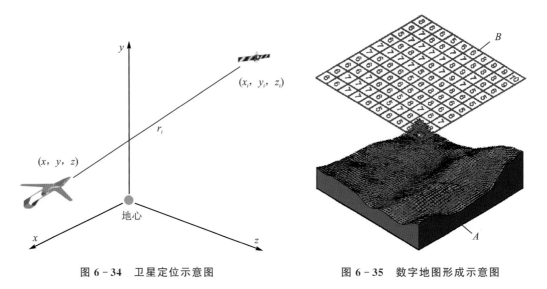

图 6-34　卫星定位示意图　　　　　　图 6-35　数字地图形成示意图

图像匹配导航可分为地形匹配导航和景象匹配导航两种。

**1. 地形匹配导航**

地形匹配导航是以地形高度轮廓为匹配特征的,通常用无线电高度表测量沿航迹的高度数据,与预先获得的航道上的区域地形数据比较,若不一致,表明偏离了预定的飞行航迹。这种方式是一维匹配导航,适合于山丘地形的飞行。

利用地形匹配导航可以使飞行器进行地形跟踪,保持一定的真实高度,如图 6-36(a)所示。也可利用数字地图中相同地形高度进行地形回避飞行,绕过高山,在山谷中穿行,如图 6-36(b)所示。地形跟踪和地形回避是军用飞机低空突防的隐蔽飞行方式,并可保证低空飞行的安全高度。

(a) 地形跟踪　　　　　　　　　　　　　　(b) 地形回避

图 6-36　地形跟踪飞行和地形回避飞行

**2. 景象匹配导航**

景象匹配导航是以一定区域的地表特征,采用摄像等图像成像装置录取飞行轨迹周围或目标附近地区地貌,与存储在飞行器上的原图比较,进行匹配导航。景象匹配属于二维匹配导航,可以确定飞行器两个坐标的偏差,适合于平坦地区的导航。

景象匹配原理与地形匹配是类似的,两者的差别在于,景象匹配是在一定范围内,将实时图与网格化的数字地图逐格进行匹配,找出原图与实时图相似度最大的部分区域,来估计飞行器的地理位置。

景象匹配导航通常用在导弹制导中。巡航导弹和弹道导弹在经过远距离飞行,到达目标区后,采用景象匹配技术进行末制导,修正飞行轨迹的偏差。

### 6.5.5　天文导航

天文导航是通过观测天体来确定飞行器的位置和航向的导航技术。

生活中可以看太阳来大致知道方位,晴朗的夜晚,北半球的人们可以通过北极星来确定哪边是北方。这些都是最简单的天文导航。很早以前,航海者就依据观测太阳、月亮、星体来测量船舶的航向,在汪洋大海中确定船的位置。航空和航天的天文导航都是在航海天文导航基础上发展起来的,它继承了天文航海的基本方法,又考虑了现代飞行要求设备自动化、高精度、体积小等特点。

天文导航根据天体的辐射能(可见光、红外线等)进行工作,它不像无线电导航那样易被发现和干扰,也不像惯性导航那样有积累误差,是一种自主导航技术。但是对于飞行器来说,天文导航易受天气条件的影响。因此,天文导航比较适合于在高空飞行的飞机、在大气层外飞行的宇宙飞船、航天飞机和弹道导弹等飞行器。

### 6.5.6　组合导航

随着航空航天技术的发展,导航技术应用越来越广泛,人们对飞行器的导航精度要求也越来越高。现有的无线电导航、惯性导航、卫星导航、图像匹配导航和天文导航等不同的导航技术,都有各自的优点,但在使用上也都存在各种误差,并且会受到外界条件的干扰和影响。

在实际飞行器导航中,通常采用两种或两种以上的组合导航的方式,以弥补不同导航技术的不足,发挥各种导航技术的优点,互相取长补短。组合后的系统能提高导航精度,增加导航系统工作的可靠性。

常见的组合导航方式有惯性/无线电导航系统、惯性/卫星导航系统、惯性/天文导航系统、惯性/图像匹配导航系统、惯性/天文/无线电导航系统等。

# 习　题

6-1　什么是世界坐标系?什么是西安 80 坐标系?

6-2　什么是数字化地图有哪些类型?

6-3　什么是试列举几种侦察监视类任务载荷,并说明其特点。

6-4　试说明任务规划的流程和方法。

6-5　简述无人机数据链路的基本组成以及卫星中继链路的数据传输过程。

6-6　惯性导航系统的导航原理是什么?

6-7　全球定位系统(GPS)为什么要用 4 颗卫星才能对飞行器定位?

6-8　什么是地形匹配导航?什么是景象匹配导航?它们的区别是什么?

# 第7章 无人机的构造

## 7.1 固定翼无人机的构造

固定翼无人机的构造和有人机的构造类似,主要由机身、机翼、尾翼和起落架等结构组成。不同的无人机由于其任务要求和载荷特点不同,其构造形式也不一样,下面介绍固定翼无人机的典型结构。

### 7.1.1 机翼的构造

#### 1. 机翼的受力

要设计出合理的机翼结构,必须要了解作用在机翼上的外载荷以及在这些载荷作用下机翼的受力情况。

（1）作用在机翼上的外载荷

作用在机翼上的外载荷主要有两种形式:一种是以分布载荷的形式作用于机翼上,另一种是以集中载荷的形式作用于机翼上。分布载荷包括空气动力和自身质量力（重力和惯性力）,如图7-1所示的$q_1$为气动力沿翼展方向的分布,$q_2$为质量力沿翼展方向的分布,另外还有与飞机飞行方向相反的空气阻力和机翼中燃油重量作用在机翼上的分布载荷。而集中载荷是由其他部件通过接头传给机翼结构的,因其一般集中作用在个别连接点上而称为集中载荷,如图7-1所示的发动机传给机翼的质量力$G$和拉力$P$等都是集中载荷。当飞机在地面停放、滑行和起飞着陆时,装在机翼上的起落架传给机翼的也是集中载荷。

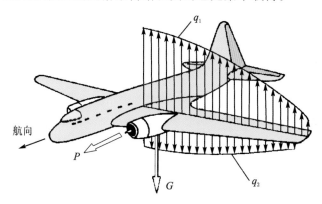

**图7-1 机翼上的外载荷**

（2）机翼上产生的力和力矩

在这些外载荷的作用下,机翼结构承受如图7-2所示的弯矩（$M_n$和$M_h$）、剪力（$Q_n$和$Q_h$）和扭矩（$M_t$）,并在结构中形成内力平衡这些力和力矩。图7-2中,$M_n$为由垂直剪力$Q_n$引起的作用在垂直面内的弯矩,$M_h$为由水平剪力$Q_h$引起的作用在翼弦平面内的弯矩,$M_t$为

由垂直剪力 $Q_n$ 引起的扭矩。在剪力、弯矩和扭矩的作用下,机翼将产生结构变形。弯矩使得机翼产生弯曲变形,扭矩导致机翼产生扭转变形。

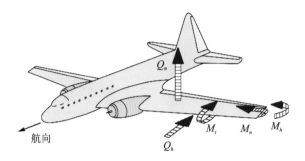

图 7 - 2　机翼上外载荷产生的力和力矩

**2. 机翼的主要承力构件**

机翼的基本受力构件包括纵向(沿翼展方向)骨架、横向(沿气流方向或垂直于翼展方向)骨架、蒙皮和接头等。纵向骨架有翼梁、纵墙和桁条,横向骨架有普通翼肋和加强翼肋,其整体布置如图 7 - 3 所示。

(1)翼　梁

翼梁是最强有力的纵向构件,它承受大部分弯矩和剪力,在机翼根部与机身用固定连接接头连接。图 7 - 4 所示为一种组合式工字形翼梁,它由较大的上下凸缘和腹板组成,上下凸缘以拉压形式承受弯矩,机翼越厚上下凸缘的距离越远,凸缘中的轴向拉压力就越小。腹板用来承受垂直于梁的剪力,为了提高承受载荷的能力,用一些立柱来加强腹板。图 7 - 5 所示的机翼翼梁,即由较粗大的上下缘条和腹板组成。

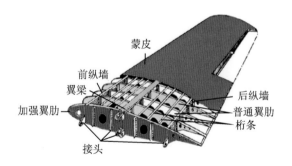

图 7 - 3　机翼的构造及主要承力构件

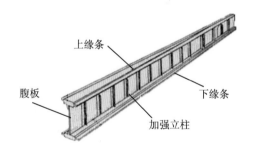

图 7 - 4　翼梁构造示意图

(2)纵　墙

纵墙的结构与翼梁差不多,它主要承受剪力,相对翼梁而言纵墙承受弯矩很小或根本不承受弯矩。它的凸缘较小,在机翼根部与机身用较弱的固定接头或用铰链接头连接。纵墙通常布置在机翼的前后缘附近,与上下蒙皮相连,形成封闭盒段承受扭矩。靠近机翼后缘的纵墙还可以悬挂襟翼和副翼,如图 7 - 6 所示。

(3)桁　条

桁条主要用于支撑蒙皮,提高蒙皮的承载能力,将蒙皮的气动力传递给翼肋。桁条沿翼展方向布置,固定在翼肋上。为了便于和蒙皮连接,桁条通常采用挤压型材或用板材弯制,

图 7-7 所示为机翼解剖后蒙皮下面的桁条。

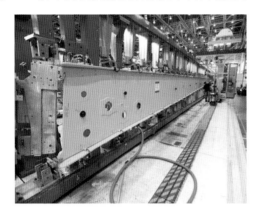

图 7-5　机翼翼梁

图 7-6　机翼的纵墙

（4）普通翼肋和加强翼肋

翼肋是横向受力骨架,用来支撑蒙皮,维持机翼的剖面形状。在有集中载荷处,如安装发动机、起落架等的地方,普通翼肋得到加强而成为加强翼肋。为了减轻重量和内部零件通过,翼肋上开有减轻孔。为了与蒙皮连接及自身受力,翼肋上下有类似翼梁的凸缘的缘边。翼肋的构造如图 7-8 所示。

图 7-7　机翼桁条

图 7-8　翼肋的构造

（5）蒙　皮

蒙皮的主要功用是承受局部气动载荷,形成和维持机翼的气动外形,同时参与承受机翼的剪力、弯矩和扭矩。蒙皮还与翼梁及纵墙的腹板形成封闭的盒段,用来承受扭矩(参见图 7-6)。

**3. 机翼的典型构造形式**

机翼构造形式很多,它的发展是随着飞行速度的提高而变化的,其主要形式有蒙皮骨架式、整体壁板式和夹层式三种典型类型。实际飞机的机翼构造形式可以是以上三种典型形式,也可以是几种类型的组合或介于典型形式之间的过渡形式。

（1）蒙皮骨架式机翼

蒙皮骨架式机翼又称薄壁构造机翼,可按翼梁的数目不同分为单梁式机翼、双梁式机翼和多梁式机翼。图 7-3 所示是一个单梁式机翼,双梁式和多梁式机翼的构造与之类似。梁式机翼的特点是蒙皮较薄,桁条较少,弯矩主要是由翼梁来承受。翼梁的缘条剖面与长桁剖面相比要大得多,梁式机翼在展弦比较大的机翼上使用较多。

（2）整体壁板式机翼

整体壁板式机翼是将蒙皮与纵向骨架、横向骨架合并成上下两块整体壁板,如图 7-9 所示,然后用铆接或螺接连接起来。上下壁板一般是用整体材料、用锻造或化学加工等方法制造而成的。这种机翼的特点是强度大,刚性好,接缝少,表面光滑,气动外形好,零件少,装配容易。这种形式在使用机翼整体油箱的有利,它能有效地利用机翼内部空间。整体壁板结构除了用金属材料外,也很适合于用复合材料制造,图 7-10 所示为复合材料的机翼整体壁板。

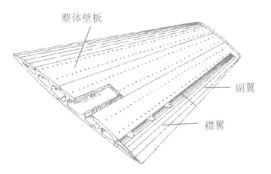

图 7-9 整体壁板式机翼

图 7-10 机翼整体壁板

（3）夹层式机翼

夹层式机翼主要是以夹层壁板做蒙皮,甚至纵墙和翼肋也是用夹层材料制造。夹层壁板依靠内外层面板承受载荷,很轻的夹芯对它们起支持作用。与同样重量的单层蒙皮相比,夹芯蒙皮的强度大、刚度大,能承受较大的局部气动载荷,并有良好的气动外形。夹层材料中充满空气和绝热材料,可以起到良好的隔热作用,能较好地保护内部设备。图 7-11 所示为蜂窝夹层机翼的构造,它的纵墙和翼肋都是用蜂窝夹芯板制成。图 7-12 所示为铝蜂窝夹层结构示意图。

某些机翼根据需要会采用两种结构形式。如美国的 U-2 高空无人侦察机,其机翼分为内外两段,为了便于维修更换,内外段之间采用可拆卸方式连接;其内段采用蒙皮骨架式类型中的单块式,并作为机翼整体油箱;外段由于厚度较小,采用了铝合金蜂窝实心夹层结构。

飞机尾翼的构造与机翼相似,只是尺寸和受力都较小,这里不再叙述。

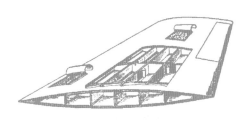

图 7 - 11　夹层式机翼

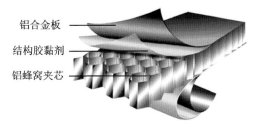

铝合金板
结构胶黏剂
铝蜂窝夹芯

图 7 - 12　铝蜂窝夹层结构示意图

## 7.1.2　机身的构造

机身的结构形式与机翼类似,也可分为蒙皮骨架式、整体壁板式和夹层式三种形式。与机翼相比,其区别主要是:梁式机身的承力梁本身没有腹板,它是利用机身蒙皮当作它的腹板来承受载荷的,因其又像桁条而称为桁梁,只是比桁条粗大许多。

图 7 - 13 所示为典型的梁式机身结构,图中较粗大的纵向骨架为桁梁,较细的为桁条;维持横截面形状的横向骨架称为隔框(相应的在机翼中的横向骨架称为翼肋),如图 7 - 14 所示;其他构件的名称和受力作用与机翼基本相同。

图 7 - 13　机身结构

隔框

图 7 - 14　机身的隔框

### 7.1.3　起落装置的构造

**1. 起落架的组成**

典型的起落架由减震器、支柱、机轮、刹车装置以及收放机构等部件组成,如图 7 − 15(a)所示为起落架结构组成,图 7 − 15(b)所示为某飞机起落架结构。起落架各组成部分的作用如下:

① 减震器:作用是吸收着陆和滑跑时的冲击能量,减小冲击载荷。减小载荷有利于减轻结构重量,改善乘坐品质。

② 支柱:用来承受地面各个方向的载荷并作为安装机轮的支撑部件。为了充分利用构件,减轻重量,减震器和支柱可以合二为一。

③ 机轮:用于地面运动,并有一定的减震作用。刹车装置安装在机轮上,以减小着陆滑跑距离,同时利用左右机轮不同的刹车力可以使飞机在地面转弯,提高地面机动性。

④ 收放机构:用于起落架的收起和放下。飞行时收起起落架以减小阻力,着陆前放下起落架。收放机构同时用于固定支柱,使支柱与机体成为一个整体受力的构件,而不只是一个可以运动的机构。

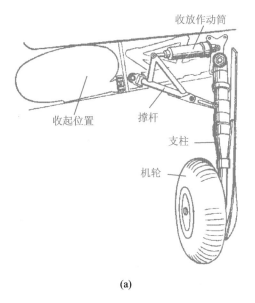

(a)

(b)

**图 7 − 15　起落架的结构组成**

**2. 起落架的布置**

起落架在飞机上的布置一般为三点方式,根据主轮相对重心的位置不同起落架有三种布置形式。

(1) 后三点式

后三点式即在飞机重心前并排安置两个主轮,在飞机尾部有一个较小的尾轮,如图 7 − 16 所示。20 世纪 50 年代以前,后三点式起落架在装有活塞发动机的飞机上曾得到广泛应用。它的优点是:易于在飞机上安装尾轮,结构简单,尺寸、重量都较小;着陆滑跑时迎角大,可利用较大的阻力来进行减速,缩短滑跑距离。其缺点是在大速度滑跑时,遇到前方撞击或强力刹车时,容易发生倒立;速度较大时着陆容易跳起,造成低空失速;滑跑过程中方向稳定性差;起飞滑跑时机身仰起。

图 7 - 16  后三点式起落架

（2）前三点式

前三点式即在飞机重心后并排安置两个主轮,在飞机前部安置一个前轮,如图 7 - 17 所示。20 世纪 50 年代后,前三点式起落架得到广泛应用。它的主要优点是:前轮远离飞机重心,允许强力制动而无倒立危险,因此能有效地缩短着陆滑跑距离;飞机滑跑方向稳定性好,起飞着陆容易操纵;机身轴线与地面基本水平,可避免喷气发动机的燃气烧坏跑道;飞行员视界好。其缺点是:前起落架承受的载荷大,构造复杂,尺寸大,重量大;前轮会产生摆振现象,因此要有防止摆振的措施。

图 7 - 17  前三点式起落架

（3）自行车式

自行车式即两个主轮分别布置在飞机重心前后,为防止地面停放时倾倒,另有两个辅助小轮对称安装在机翼下面,如图 7 - 18 所示。自行车式起落架主要用于不宜布置三点式起落架的飞机上,如上单翼的轰炸机,起落架无法安装在机翼上,而机身中部又有炸弹舱口,起落架不能布置在重心附近,因而采用自行车式。自行车式由于没有左右主轮,因此不能采用主轮刹车方式转弯,在前轮须加装转弯操纵装置,使得结构重量加大。由于前轮离重心相对较近,承受载荷较大,飞机起飞时不易离地,故常采用伸长前起落架支柱或缩短后起落架支柱的方法来增大迎角帮助起飞。

**图 7 - 18 自行车式起落架**

# 7.2 无人直升机的构造

目前使用最广泛的无人直升机是单旋翼直升机,其结构如图 7 - 19 所示。这种直升机主要由旋翼、桨毂、尾桨、操纵系统、动力装置、起降装置和机身组成,其机身、起降装置和动力装置与固定翼无人机类似,但操纵系统与固定翼无人机有较大不同,而旋翼、尾桨和传动系统则是无人直升机(以下简称直升机)所特有的。

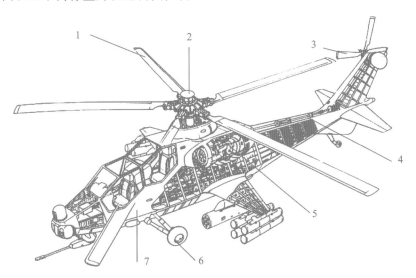

1—旋翼;2—桨毂;3—尾桨;4—操纵系统;5—动力装置;6—起降装置;7—机身

**图 7 - 19 直升机的结构组成**

## 7.2.1 直升机机体构造

机体是直升机的重要部件,用来支持和固定直升机的部件和系统,并用来装载物资和设备,机体外形对直升机飞行性能、操纵性和稳定性有重要影响。直升机机体一般从前至后分为货物/设备舱、过渡段、尾梁和尾斜梁等。对于单旋翼直升机,一般在机身中段上方安装旋翼,在尾梁后部或尾斜梁上安装尾桨和水平安定面,双旋翼直升机的旋翼则根据旋翼布置方式的不同安装在机身的相应位置。图 7-20 所示的纵列式双旋翼直升机的两个旋翼分别安装在机身的前、后位置。

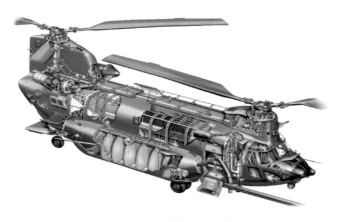

**图 7-20　纵列式双旋翼直升机**

机体除承受各种装载的载荷外,还承受运动部件、武器发射和货物吊装等动载荷,这些载荷通过接头传给机体。旋翼、尾桨传给机体的交变载荷会引起机身结构振动,影响结构的疲劳寿命。因此,在设计机身结构时,必须采取措施降低直升机机体的振动水平。

## 7.2.2 旋翼的构造

直升机的旋翼主要由桨叶和桨毂组成,是直升机产生升力的关键部件,如图 7-21 所示为四旋翼结构。旋翼桨叶一般有 2~8 片,形状像细长机翼的桨叶连接在桨毂上。桨毂安装在旋翼轴上,旋翼轴方向一般为铅垂方向,通常由发动机带动旋转。旋转时,桨叶与周围空气相互

**图 7-21　旋翼结构**

作用,产生空气动力。

按桨叶与桨毂连接方式的不同,旋翼大体上可分为铰接式、无铰式、半无铰式和无轴承式等几种类型。

**1. 铰接式旋翼**

铰接式(又称全铰接式),桨叶通过挥舞铰、摆振铰与桨毂相连,如图7-22所示为铰接式旋翼结构示意图。

在一般情况下,桨叶除旋转运动外,还有绕挥舞铰的上下挥舞运动,绕摆振铰的前后摆动(摆振运动)及通过操纵变距铰的变距运动。这种形式的旋翼桨叶根部的弯曲载荷较小,但结构复杂,维护不便。铰接式旋翼在摆振铰上都带有摆振阻尼器,为桨叶绕摆振铰的摆振运动提供阻尼,阻尼器可防止直升机出现"地面共振"现象,保证其有足够的稳定裕度,如图7-23所示为铰接式旋翼实体结构。

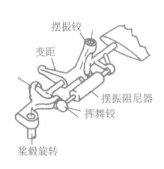

图7-22 铰接式旋翼结构示意图

图7-23 铰接式旋翼实体结构

**2. 无铰式旋翼**

无铰式旋翼取消了挥舞铰和摆振铰,但仍有总距和变距铰,图7-24所示为无铰式旋翼结构示意图。

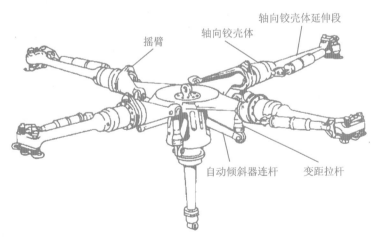

图7-24 无铰式旋翼结构示意图

桨叶在挥舞方向和摆振方向相对于桨毂是固支的。桨叶的挥舞运动和摆振运动表现为桨叶根部(或桨毂支臂)的弯曲变形。与铰接式旋翼相比,无铰式旋翼结构简单,但桨叶和桨毂的弯曲载荷较大。图 7－25 所示为山猫无铰式旋翼实体结构。

图 7－25　山猫无铰式旋翼

### 3. 半无铰式旋翼

半无铰式旋翼（也称跷跷板式旋翼）的主要特点是只有两片桨叶，彼此连成整体，共用一个中心水平铰（跷跷板铰链），没有摆振铰，但仍有变距铰。图 7－26 所示为半无铰式旋翼结构示意图。这种形式的旋翼结构也比较简单，但操纵性较差。图 7－27 所示为贝尔－206 旋翼系统采用两片桨叶的半刚性跷跷板式旋翼。

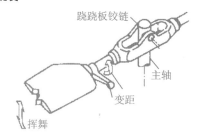

图 7－26　半无铰式旋翼结构示意图

图 7－27　跷跷板式旋翼

#### 4. 无轴承式旋翼

无轴承式旋翼不仅没有挥舞铰和摆振铰,连变距铰也取消了,桨叶的挥舞、摆振和变距运动都通过桨叶根部的柔性元件来完成。图 7 - 28 所示为无轴承式旋翼结构示意图。这种旋翼形式结构简单,但要求桨叶根部的材料既有很高的弯曲强度和刚度,又有很低的扭转刚度。图 7 - 29 所示为无轴承式旋翼实体结构。随着先进复合材料在旋翼上的应用,无轴承式旋翼也逐渐发展起来。

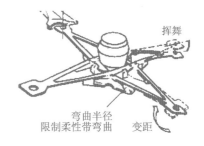

图 7 - 28　无轴承式旋翼结构示意图

图 7 - 29　无轴承式旋翼实体结构

## 7.2.3　直升机操纵系统

直升机的操纵系统是指传递操纵指令、进行总距操纵、变距操纵和脚操纵(或航向操纵)的操纵机构和操纵线路。通过总距操纵实现直升机的升降运动;通过变距操纵实现直升机的前后左右运动;通过航向操纵改变直升机的飞行方向。

总距操纵和变距操纵是通过改变自动倾斜盘的倾斜角来实现的。

自动倾斜盘(见图 7 - 30)是将经直升机飞行操纵系统传递过来的操纵指令转换为旋翼桨叶运动的装置。自动倾斜盘主要由固定环、旋转环和轴承等组成。固定环通常位于外侧,安装在旋翼轴上,并通过一系列推拉杆与变距操纵杆和总距操纵杆相连,它可以向任意方向倾斜,也能垂直上下移动。旋转环通常位于内侧,通过轴承安装在固定环上,旋转环通过拉杆与变距摇臂相连,并可以同旋翼轴一起转动。

为了操纵旋翼桨叶的总距可通过操纵总距操纵连杆使自动倾斜盘实现沿旋翼轴向上或向下的移动,从而同时增大或减小所有桨叶的桨距,实现直升机的上下运动。

直升机的变距操纵是通过操纵变距操纵连杆使自动倾斜盘向相应的方向倾斜。由于旋转环同桨叶的变距摇臂之间有固定长度的拉杆相连,所以自动倾斜盘的倾斜会导致每片桨叶的桨距发生周期性变化,使旋翼产生的空气动力不对称,因此,桨叶的旋转平面将向所需方向倾斜,旋翼的拉力矢量方向因此发生改变,这样就可以操纵直升机的横向(左右)和纵向(前后)飞行。

航向操纵是用脚蹬操纵尾桨的总桨距,从而改变尾桨的推力(或拉力)的大小,实现直升机的转向。当尾桨的推力(或拉力)改变时,此力对直升机重心的力矩与旋翼的反作用力矩不再平衡,直升机绕立轴转动,使航向发生改变。

有关直升机操纵的内容可以参阅 4.5.3 小节。

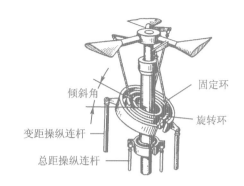

图 7-30　自动倾斜盘结构

## 7.2.4　直升机尾桨

尾桨的作用主要包括以下两方面:

① 尾桨产生的拉力(或推力)通过力臂形成偏转力矩,用于平衡旋翼的反作用力矩。

② 尾桨相当于一个直升机的垂直安定面,不仅可以改善直升机的方向稳定性,还可以通过加大或减小尾桨的拉力(推力)来实现直升机的航向操纵。

尾桨的构造与旋翼相似,不过比旋翼要简单得多,尾桨操纵没有自动倾斜器,也不存在周期变距问题,其操纵只需要改变尾桨的总距,并根据操纵方向和动作量大小来增大或减小桨距。尾桨和旋翼的动力均来源于发动机,发动机产生的功率通过传动系统,按需要传给旋翼和尾桨。由于尾桨转速很高,工作时会产生很大的离心力。

尾桨通常包括常规尾桨、涵道尾桨和无尾桨系统三种类型。

① 常规尾桨:这种尾桨的构造与旋翼类似,由桨叶和桨毂组成。

② 涵道尾桨:这种尾桨由置于尾斜梁中的涵道和位于涵道中央的转子组成,其特点是尾桨直径小、叶片数目多。图 7-31 所示为涵道尾桨的构造示意图,图 7-32 所示为涵道尾桨的实体结构。

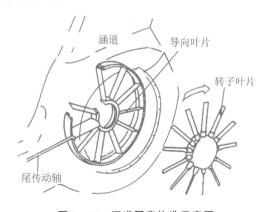

图 7-31　涵道尾桨构造示意图

图 7-32　涵道尾桨实体结构

③ 无尾桨系统:无尾桨系统用一个空气系统代替常规尾桨,该系统由进气口、喷气口、压力风扇、带缝尾梁等几部分组成,图 7-33 所示。压力风扇位于主减速器后面,由尾传动轴带动,风扇叶片的角度可调,与油门总距杆联动。尾梁后部有一个可转动的排气罩与脚蹬联动。

工作时风扇使空气增压并沿空心的尾梁向后流动。飞行过程中,一部分压缩空气从尾梁侧面的两道细长缝中排出,和旋翼下洗气流一起形成不对称气流,使尾梁一侧产生吸力,相当于在直升机尾部产生了一个侧向推力来平衡旋翼的反作用力矩。另一部分压缩空气由尾部的喷口喷出,产生侧向力,实现直升机的航向操纵,喷气口面积可由排气罩的转动控制。图 7 - 34 所示为采用无尾桨系统的直升机。

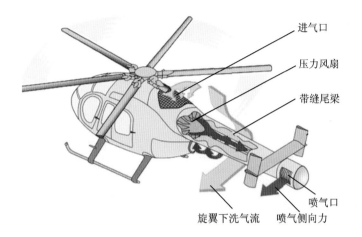

图 7 - 33 无尾桨系统结构示意图

图 7 - 34 采用无尾桨系统的直升机

## 7.2.5 直升机起落装置

直升机起落装置的主要作用是吸收着陆时的冲击能量,减小着陆时撞击引起的过载,保证在整个使用过程中不发生"地面共振"。此外,起落装置还使直升机具有在地面运动的能力,减少滑行时由于地面不平而产生的撞击与颠簸。

在陆地上使用的直升机起落装置有轮式起落架和滑橇式起落架,如图 7 - 35 所示。如果要求直升机具备在水面起降或应急着水迫降能力,还要有水密封机身和保证横侧稳定性的浮筒或应急迫降浮筒。对于舰载直升机,还需要装备特殊着舰装置。

(a) 轮式起落架

(b) 滑橇式起落架

**图 7 - 35　直升机起落装置**

# 7.3　多旋翼直升机的构造

多旋翼直升机是一种具有 3 个及以上旋翼轴的特殊的直升机。通过每个轴上的电动机转动带动旋翼旋转,从而产生升力和推进力。

多旋翼直升机的各个旋翼的总距都是固定的,通过改变不同旋翼之间的相对转速来改变单轴推进力的大小,从而控制直升机的运行轨迹。不像一般直升机的螺旋桨,多旋翼直升机的旋翼除了可以进行总距操纵外,还可以通过操纵自动倾斜盘进行变距操纵,实现桨叶的周期性挥舞。由于多旋翼直升机结构相对比较简单,所以本节将针对多旋翼直升机的总体布局、结构形式及设备的布置特点进行概述。

## 7.3.1　多旋翼直升机总体布局

目前多旋翼直升机通常采用四旋翼、六旋翼、八旋翼等偶数轴轴对称的布置型式,通过机身将起落架、动力装置、机载设备等连接在一起,机体的中央位置集中布置飞控、GPS、电池、有效载荷等,四周均布设置发动机支架和螺旋桨。多旋翼直升机的飞行速度比较低,最大飞行速度一般在 60~70 km/h。

**1．四旋翼布局**

四旋翼直升机的总体布局方式是最典型的多旋翼方案,由于旋翼数目为偶数,力矩平衡一般采用对外平衡策略,即一对支架上的两个旋翼旋转方向是一样的,另一对支架两个旋翼旋转方向与之相反,每一对旋翼的力矩相互形成平衡关系,平衡原理参见 4.6.1 小节关于图 4-32 的相关描述。

四旋翼直升机的布局一般为 X 形、十字形和 H 形。由于无论是前飞、侧飞、倒飞,十字形四旋翼(见图 7-36)都有一个支架会干扰任务设备的视角,因此用得越来越少。而 X 形(见图 7-37)和 H 形(见图 7-38)两种布局视野相对较好,是目前四旋翼直升机最常见的总体布局形式。

图 7-36　十字形四旋翼

图 7-37　X 形四旋翼

**2．六旋翼布局**

六旋翼直升机一般有两种布局形式:一种是沿机身的正前后方向设置一对旋翼(见图 7-39);另一种是 6 个旋翼左右对称布置,前方相对比较开阔(见图 7-40)。六旋翼的力矩平衡原理可参见 4.6.2 小节关于图 4-39 的相关描述。

图 7-38　H 形四旋翼

图 7-39　前后有旋翼的六旋翼布局

无论是四旋翼布局还是六旋翼布局,在布局方案中都需要重点考虑螺旋桨之间的气动干扰问题。螺旋桨的气动性能直接关系到多旋翼直升机的飞行性能,为了确保各个螺旋桨能够在一个相对独立的流场中工作,就必须要确保螺旋桨之间的最小安全距离,设计时一般可以通过调节支架的长度来保证各个桨叶之间的距离为桨径的 15%~20%。

**3. 八旋翼布局**

八旋翼也有和以上的六旋翼类似的布局,且 8 个旋翼在水平圆周面内间隔 45°均布。此外,还有一种比较特殊的采用 4 个单独 Y 字形支架的布局,每个支架外端支撑着两个电动机和螺旋桨(见图 7-41)。八旋翼之间的力矩平衡方式很多,可以单独使每对旋翼自我平衡,也可以对外平衡,此处不再赘述。

**图 7-40 左右对称布置的六旋翼布局**　　　　　**图 7-41 八旋翼 Y 字布局**

除了八旋翼之外,还有少数多旋翼直升机使用 10 个、12 个、16 个等更多的旋翼布局。一般来说,旋翼数量越多,升力分布就越分散,当某个旋翼出现故障时,对无人机的平衡影响就越小,越容易使操作者操纵无人机安全返回并降落。

## 7.3.2 多旋翼直升机机体结构形式

多旋翼直升机机体结构比较简单,不像固定翼飞机和直升机那样有复杂的梁、框、桁条等部件,其机体结构大多以碳纤维板材、杆的形式组成。下面简单介绍多旋翼直升机的机身、支架和起落架等结构部件的结构特点。

**1. 机　身**

机身是多旋翼直升机重量最为集中的位置(见图 7-42),主要集中安装 GPS 天线、GPS 支架、速度控制器、飞控设备、电池和平衡控制器等。机体四周安装固定发动机的支架,用于支撑和安装发动机及旋翼。机身下方是有效载荷挂载区,可以安装完成任务的专用设备。起落架安装在机身下方两侧,且绝大多数都是固定式起落支架。以上所有设备及构件在机身上安装布置时应尽量使重心接近机身的中心对称点,如果其中的机械结构部件、动力系统、任务设备等位置已确定,则需要有针对性地调整某些航电设备的安装位置,最终使重心位置接近几何中心点,以确保飞行安全。

**2. 支　架**

发动机支架一般由碳纤维杆材(管材)制成,这些支架杆(管)材都是中空结构,内部空间可以为电动机、电调电源线、数据线等提供通道并与飞控设备相连。发动机支架一般都环绕机身对称布置,一些更多旋翼的无人机还会在一个支架上分叉衍生出多个单独支架,从而满足更多的旋翼和发动机的安装需求。

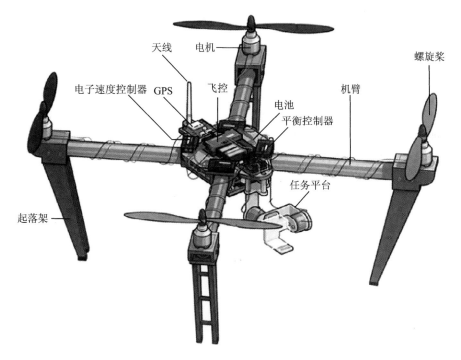

**图 7 - 42　多旋翼直升机机身**

支架一端与中央机身固接,另一端安装发动机基座。有些多旋翼直升机支架会采用向下折叠方式进行收缩,以减小运输、储存空间,一般都采用手动折叠的方式进行。除发动机外,支架上还要设置电调,电调也可以装在支架内部,但需要考虑到飞行过程中电调的散热问题。

**3. 起落架**

多旋翼直升机的起落架大多数是结构非常简单的起落支架,且大部分无人机的起落支架都是固定的。对于多旋翼直升机而言,起落支架的飞行阻力还是比较大的,因此,飞行速度比较高的多旋翼直升机,要尽量采用空中可以折叠的起落架,或者在满足强度的情况下尽可能将起落支架设计成阻力更小的细杆。

为了进一步减小飞行阻力,现在很多无人机机体还会设计一个流线型机壳,将整个机身和支架全部包裹起来,这样不但使机体结构更加美观,还会对其中的航电设备提供更好的保护。

# 习　题

7 - 1　机翼的主要承力构件有哪些?各起到什么作用?

7 - 2　飞机起落架有哪些部分组成?各部分的作用是什么?

7 - 3　飞机的起落架布置形式有哪些?各有何特点?

7 - 4　按桨叶与桨毂连接方式的不同,旋翼可分为哪几种类型?

7 - 5　直升机自动倾斜盘的工作原理是什么?

7 - 6　直升机的尾桨有哪些类型?

7 - 7　如何保证多旋翼直升机的重心位置尽量在机身的中心对称点?

# 参考文献

[1] 贾玉红. 航空航天概论[M]. 北京:北京航空航天大学出版社,2018.

[2] 孙毅. 无人机驾驶员航空知识手册[M]. 北京:中国民航出版社,2014.

[3] 朱宝鎏. 无人飞机空气动力学[M]. 北京:航空工业出版社,2006.

[4] 巴恩哈德. 无人机系统导论[M]. 沈成林,译. 北京:国防工业出版社,2014.

[5] 《世界无人机大全》编写组. 世界无人机大全[M]. 北京:航空工业出版社,2004.

[6] 朱星名,黄河,刘利. 战场新锐无人机[M]. 北京:新华出版社,2015.

[7] 法斯多姆. 无人机系统导论[M]. 吴汉平,译. 北京:电子工业出版社,2003.

[8] 法尔斯特伦. 无人机系统导论[M]. 4版. 郭正,译. 北京:国防工业出版社,2016.

[9] 尹泽勇,李上福,李概奇. 无人机动力装置的现状与发展[J]. 航空发动机,2007,33(1):10-15.

[10] 孙滨生. 无人机任务有效载荷技术现状与发展趋势研究[J]. 电光与控制,2001,8:14-19.

[11] 徐清柳,王勇军. 四旋翼飞行器的工作原理与系统设计[J]. 桂林航天工业学院学报,2015,3:308-310.

[12] 谢辉. 无人机应用基础[M]. 西安:西北工业大学出版社,2018.

[13] 符长青,曹兵,李睿堃. 无人机系统设计[M]. 北京:清华大学出版社,2019.

[14] 符长青. 无人机动力技术[M]. 西安:西北工业大学出版社,2018.